LA VIE

A

LA CAMPAGNE

G. DE CHERVILLE

LA VIE
A LA CAMPAGNE

Avec une Préface

PAR JULES CLARETIE

DEUXIÈME ÉDITION

PARIS

MAURICE DREYFOUS, ÉDITEUR
13, RUE DU FAUBOURG-MONTMARTRE, 13

1879

CORBEIL. — Typ. et stér. Crété.

PRÉFACE

En vérité, si jamais livre dut se passer de préface, c'est bien celui qu'on va lire, et que M. G. de Cherville présente aujourd'hui au public.

La réputation de l'auteur n'est plus à faire et les pages que contient ce volume ont déjà rencontré le meilleur accueil et le plus flatteur dans le journal *le Temps*. C'est là que, depuis des années, M. de Cherville écrit ces articles d'un ton si personnel et d'un tour si heureux qu'il appelle *La Vie à la campagne*. Il s'est constitué une sorte de principauté à lui dans notre monde littéraire. Chacun se bâtit son logis idéal à sa pensée : celui de M. de Cherville est, j'imagine. une sorte de maison forestière ou de bonne ferme beauceronne où, son chien à ses pieds, ses poules entrant parfois indiscrètement dans sa bibliothèque, le *Gentleman farmer* lit soigneusement quelque bon livre, et surtout écrit quelque, charmante causerie à la plume, entre une chasse du matin ou une promenade du soir, un coup

de fusil ou une partie de pêche. Heureux, en littérature et en art, ceux qui ne ressemblent à personne! Être rural tout en étant d'esprit libéral est une originalité non commune et c'est précisément celle qui fait le prix des romans, des nouvelles et des causeries campagnards du marquis de Cherville.

L'auteur de tant de récits émouvants, où semble revivre la verve entraînante d'Alexandre Dumas, qui fut son maître et dont il fut le collaborateur, le conteur des *Aventures d'un chien de chasse*, de *la Chasse aux souvenirs*, de l'*Histoire naturelle en action*, de *Pauvres bêtes et pauvres gens*, etc., s'est d'ailleurs résumé peut-être dans ces tableaux de la vie des champs où, à propos de tout et de rien, d'un âne qui brait ou d'un merle qui siffle, d'une taupe que vient de déterrer le taupier, d'un puceron, de l'ouverture de la chasse, de la culture des huîtres, l'*huîtrerie*, comme disait Victor Jacquemont, en songeant à l'espèce humaine, M. de Cherville nous donne, dans sa langue exquise et claire, des notions exactes, des jugements philosophiques, des réflexions et des faits. Ici l'anecdote relève agréablement, comme d'une pincée de sel, la causerie scientifique, d'une science avenante et bonhomme. C'est un régal pour moi que ces causeries campagnardes. Les lecteurs du *Temps* aiment beaucoup ces *Variétés* où M. de Cherville prend pour « actualité » ces éternelles variations du monde, l'aubépine au printemps, la moisson en été, une grappe cueillie à la vigne en automne, les récits de chasse en temps de neige. On comprendra mieux encore le succès de ces causeries en les retrouvant ici réunies, et, en quelque sorte, complétées l'une par l'autre. Pour devenir un véritable livre, ces feuillets de journaliste n'ont eu besoin que d'une couverture et d'une table des matières.

C'est M. Maurice Dreyfous, le très intelligent éditeur et très chercheur de choses originales, qui a voulu donner à ces pages la consécration du livre. Modeste au point d'être trop timide, M. de Cherville ne tenait guère à un tel honneur. Il rappelait même à son libraire l'histoire un peu naïve de ce paysan de son pays qui, en entrant à l'église, entend les cloches lui chanter à pleine voix : *Marie-toi donc! Marie-toi donc!* et qui, en sortant de la messe et en écoutant les mêmes cloches encore, les surprend maintenant qui lui répètent : *Le gros dindon! le gros dindon!*

« Histoire profonde en somme sous sa vulgaire
bouffonnerie, disait M. de Cherville. Avant l'impression de l'ouvrage, le chœur des amis parle
toujours comme les cloches du paysan avant la
cérémonie : « Il faut réunir ces feuillets en
« un volume et ne les point laisser perdre ! »
Mais, lorsque les pages volantes sont brochées
et le livre mis en vente, ce sont, hélas ! les secondes paroles des cloches beauceronnes qui
retentissent aux oreilles de l'auteur et lui rabâ-
chent leurs injures quand il est trop tard. »

L'auteur de ces causeries n'a rien à craindre
de pareil. Les carillons pour lui ne seront point
narquois. Et pourquoi le seraient-ils? Le sentiment de la nature qui anime ces pages est tout
à fait pénétrant et d'une séduction profonde.
M. de Cherville est un véritable naturaliste, dans
le sens absolu, c'est-à-dire qu'il se plaît à surprendre la nature, *natura naturans*, aux champs,
aux prés, dans la pénombre du crépuscule ou
le jour rose d'une aurore et non dans la fiente
des égouts. C'est un naturaliste familier, non
pas de l'école, d'ailleurs admirable, de Buffon,
mais du groupe des Michelet et des Toussenel, de

ces observateurs qui sont des poètes et qui dé-
couvrent dans un oiseau ou dans un insecte
l'infini vivant et la philosophie en action. La
Fontaine, le doux rêveur des bois de Château-
Thierry, fut le maître et le précurseur de
ces naturalistes-là. M. de Cherville, comme
le *fablier*, resterait des heures entières à voir
dans l'eau « *Ma commère la carpe,* » faire « *mille
tours avec le brochet son compère.* » Il connaît
comme lui les mœurs de toute la gent forestière, il guette, au réveil de son engourdisse-
ment de l'hiver, le blaireau qui sort pour la première fois de son terrier. Il sait l'heure précise
où l'hirondelle revient, où les faucons retour-
nent vers le nord. A une minute près, il nous
dira le moment où les courlis de terre repren-
nent possession de leur gravier, où les bécas-
sines reparaissent dans nos marais. Il sait quand
il est bon de tendre les verveux dans les ruisseaux où les brochets, ces brigandeaux, comme
il les nomme, recherchent les bas fonds pour
frayer. Il connaît les bons endroits pour l'affût,
les meilleures heures pour les maîtres coups de
feu; il dirait volontiers, en parlant de la chasse,
comme Tavannes en parlant de la guerre : « Le

soleil, la plage, le vent, la poudre, la fange, l'é-
minence, les fossés, ruisseaux, haies, bois, mon-
tagnes, vallées, profitent et nuisent selon que
l'on s'en sçait bien ou mal servir ; la place de
combat bien choisie est la moitié de la victoire. »
C'est, en un mot, un érudit en fait de nature et
qui peut, à cette qualité, ajouter la vertu des
vrais savants, la simplicité. Après l'avoir suivi
depuis tantôt huit années dans les colonnes du
journal *le Temps*, les lecteurs resteront fidèles à
M. de Cherville en retrouvant sur la couverture
de ce livre le titre même des causeries qui les
ont charmés : *La Vie à la campagne.* Ils garderont
à ce volume, bon compagnon de toutes les
heures, une place à part, et, qu'ils le conf vent
à Paris ou qu'ils l'emmènent en villégiature, ils
retrouveront toujours, en l'ouvrant, un parfun
sain et bon de feuillée, d'herbe fraîche et de terre
retournée.

Mais ai-je donc, encore une fois, à présenter
l'auteur et l'ouvrage? M. de Cherville demandait
simplement à mon amitié d'expliquer comment il
avait été amené à réunir des feuilles éparses. Il
se trouvait trop ambitieux, trop modeste. Cela
dit, il est bien temps, je pense, que le *pré-*

facier cède la place à l'auteur. Théophile Gautier écrivit, un jour, en manière de paradoxe, qu'il suffirait pour avoir lu un livre d'en connaître la préface et la table des matières, tout le reste étant inutile. Ce qui est inutile ici, n'en déplaise à Gautier, c'est la préface — et on s'en apercevra bien mieux encore lorsqu'on aura lu sur la chasse et les chasseurs, les braconniers et la Saint-Hubert, les pêcheurs et les pêcheries, le moulin à saumons, les chiens, les chevreuils, les vipères, les courriers du printemps et les messagers de l'hiver, ces chapitres tout à fait jolis qui font songer à un Tristam Shandy battant les buissons, la guêtre de cuir au mollet. Et vraiment si je cherchais une définition de M. de Cherville, je l'aurais à l'instant trouvée en évoquant l'auteur du *Voyage sentimental*. Chez le naturaliste français comme chez l'humouriste anglais beaucoup de science, en effet, se cache sous beaucoup de fantaisie, mais, M. de Cherville n'est pas un Sterne en voyage — c'est un Sterne chasseur et pêcheur. N'est-ce pas, Yorick?

JULES CLARETIE.

4 mars 1879.

A

Monsieur Adrien HÉBRARD

SÉNATEUR DE LA HAUTE-GARONNE
DIRECTEUR DU *TEMPS*

Mon cher Ami,

Il y a huit ans, vous souvenant encore des quelques romans rustiques que j'avais donnés au *Temps* à ses débuts, vous m'avez tracé le plan des causeries dont j'ai détaché les pages qui formeront ce volume.

Il m'a semblé que je vous en devais l'hommage il est certainement fort au-dessous de ce qu'ambitionnerait ma reconnaissance, mais vous m'avez donné tant de témoignages d'affectueuse indulgence que vous n'hésiterez pas à l'agréer, je l'espère.

G. DE CHERVILLE.

LA
VIE A LA CAMPAGNE

LE FEU

Les successeurs de Mathieu de la Drôme nous
ont annoncé un hiver d'une rigueur exception-
nelle. Ici, nous ne manquons pas d'augures dont
la renommée balance celle de feu le célèbre pro-
nostiqueur lui-même, et à plus forte raison la
gloire de ses héritiers, mais les uns n'ont pas
encore parlé, les autres se prononcent dans un
style sibyllin qui est une des finesses du métier.

Les habitantes des fourmilières que nous
avons consultées sur ce point, allaient, venaient
vaquaient à leurs petites affaires et ne paraissaient pas songer le moins du monde à s'enfon-
cer dans les dessous de leurs palais pour se
soustraire aux froids dont on nous menace. La
grenouille ne se hâte pas davantage de prendre
ses quartiers d'hiver dans la vase de ses maré-

cages, elle continue de nous ravir de ses chants comme si elle avait passé un bail avec le soleil. Enfin, nous étant livrés à l'inventaire de la garde-robe du Nostradamus du règne végétal, l'oignon, dont les enveloppes parchemineuses se trouvent, dit-on, renforcées quand la mauvaise saison doit être rude, il ne nous a point paru avoir endossé un paletot de plus qu'à l'ordinaire.

Nous devons cependant nous attendre à plus d'une désagréable surprise de la part de la température, qui, cette année, a toujours procédé par à-coups et violents soubresauts. C'est ainsi qu'il y a trois semaines, l'automne nous touchait du bout de son aile, et que, sans transition aucune, nous passions de la canicule à la saison intermédiaire, qui ouvrira la porte aux frimas.

Dans les villes, à Paris surtout, on s'est à peine douté de cette infraction thermométrique à la consigne du calendrier, et l'on a continué d'y gémir de la chaleur ; elle n'a point échappé aux campagnards, encore moins à quelques météorologistes aériens, plus avisés, mieux servis par l'instinct que les prophètes dont nous vous parlions tout à l'heure.

La veille de ce revirement inattendu, nous observions des hirondelles rassemblées par centaines autour de gigantesques peupliers, tour-

rant, virant, se croisant dans d'immenses ellip-
ses, mais sans s'éloigner du centre de ralliement.
Évidemment elles avaient deviné que l'avertisse-
ment ne se ferait pas attendre, et nous assis-
tions à ce qui était à la fois la première revue
du futur bataillon des émigrantes et l'épreuve
ssai, comme on dit sur le turf.

On se comptait, on se reconnaissait, on échan-
geait le cri de reconnaissance, et les anciennes
s'assuraient de la vigueur, de la rapidité du vol
des recrues qu'elles auront à guider dans l'immense traversée.

Les cailles, elles, n'y ont pas mis tant de façons, elles sont parties sans tambour ni trom-
pette. Avant le 1er septembre, on nous en
promettait des hécatombes; à entendre les cultivateurs, nous devions cette année, et à la
manne près, n'avoir rien à envier aux Hébreux
dans la traversée du désert. Les vétérans ho-
chaient la tête, et ils avaient raison. L'heure
venue, la riante perspective était à peu près éva-
nouie : cet aimable mais trop frileux gibier avait
presque généralement disparu.

Aux champs nous partageons un peu cette faiblesse de la caille. Mais nous n'avons pas comme
elle la ressource de pérégriner avec le soleil. Les
trois ou quatre bûches que nous installons dans

un trou noir ne nous en fournissent même
qu'une bien pauvre imitation; nous n'en sommes pas moins pressés de jouir des charmes
et bénéfices de notre astre de ménage, et les
frais brouillards, les froides matinées qui démontrent que l'automne est venu sans avoir été
annoncé, qui ont décidé la caille à déménager,
ont déjà couronné plus d'une cheminée de son
panache de fumée.

Le premier feu de l'année est souvent l'objet
de quelques hésitations; en quittant la salle à
manger, plus d'une femme a dissimulé un fris-
son; les uns se taisent par respect humain, d'autres par superstition, comme si ce signal donné
à l'hiver devait en précipiter l'invasion; de simples raisons d'ordre et d'économie président à
la résignation d'un troisième; mais les yeux de
tous en revenant sans cesse à la cheminée muette
et morne l'accusent éloquemment de peu de
souci pour leur bien-être. Lorsque l'esprit fort
de la famille se décide le premier à porter une
allumette dans les brindilles préparées dans l'âtre,
son initiative est accueillie avec enthousiasme;
les rangs se forment, se pressent autour du foyer
flambant et petillant, et la causerie, jusqu'alors
languissante, prend un tour plus animé.

Il faut avoir vécu au milieu de quelques débris

de l'ancienne société pour se faire une idée de l'importance qu'elle attachait à la savante combinaison de ces éléments du chauffage qu'on appelle vulgairement des bûches. Une vieille et fort aimable douairière m'a donné la mesure de la grosse affaire que représentait l'agencement du foyer dans l'ancien régime. Tous les matins, une demi-heure avant le déjeuner, je la voyais arriver au salon dans sa douillette de soie foncée ; elle s'asseyait dans sa bergère devant la cheminée, jetait le regard du connaisseur sur le bois dont elle était garnie, d'un coup de pincette elle renversait le flamboyant édifice en me disant avec ce dédain compatissant dont les gens de son temps avaient encore le secret : — Retenez bien ceci, mon enfant ; jamais un domestique n'apprendra à faire le feu.

Alors, ne requérant mon concours que s'il y avait à soulever quelque tronc gigantesque, elle procédait à la reconstruction de son monument, plaçant chaque bûche dans une symétrie calculée pour en activer la combustion, ménageant des jour vers la base, comblant les vides du sommet avec des charbons embrasés qu'elle enlevait avec des pincettes, longues, légères, flexibles, qu'elle appelait des *badines*, se délectant dans son œuvre, y ajoutant sans cesse des retouches, des corrections jusqu'à ce qu'elle lui semblât parfaite.

Chez elle, la phrase, « vous verrez de quel bois je me chauffe, » n'était pas un vain dicton. Il y avait celui du matin et celui du soir : le premier de chêne, de charme, de pommier aux fibres compactes, au grain serré, distribuant énergiquement le calorique, fournissant une braise durable, remplissant la vaste pièce de chauds effluves. L'autre, celui de l'après-dînée, pris exclusivement dans le hêtre, dont la flamme vive, légère, fantasque, féconde en clartés imprévues, gaie par-dessus toute autre, peut exercer une heureuse influence sur le travail de la digestion.

Il est parfaitement vrai que ce n'est qu'à Paris que l'on a chaud, mais il n'est pas moins exact que ce n'est qu'à la campagne que l'on se chauffe. La houille, le coke, le gaz sont de merveilleuses machines, mais ont le tort d'être des machines, d'aller mécaniquement au but déterminé sans incident et sans fantaisie ; ils gardent une physionomie, un parfum surtout de l'usine qui déprécie leurs mérites ; ils réconfortent le corps, mais l'esprit reste grelottant ; ils accélèrent la circulation du sang, ils ralentissent celle des idées.

Parlez-moi d'un beau feu de bois ! Oh ! le gai, le précieux compagnon pour les longues et sombres soirées de décembre ! Sans doute avec lui le résultat est moins sûr et plus lent à venir qu'avec celui qui s'alimente des produits de notre industrie ; la distribution de sa chaleur est incertaine, l'atmosphère de la chambre n'en reçoit qu'une faible part ; mais quelle différence entre les effets de l'un et de l'autre sur la pensée, et cela surtout aux heures de la solitude. Les jeux fantasques de cette flamme légère, ardente, mouvementée, peuplent la chambre de clartés intermittentes qui s'étendent jusqu'au cerveau et l'illuminent ; on suit avec un vague intérêt leur capricieux travail sur les tisons : le brasier prend corps, rompt l'isolement, le vivifie, le transforme en un tête-à-tête d'un charme inattendu. Les sourds ronflements, les crépitements, les pétillements du bois qui se consume, murmurent, parlent, chantent, rient et caressent joyeusement l'oreille. Les fusées d'étincelles qui jaillissent, scintillent, s'éteignent, provoquent à la rêverie : elles ressuscitent le souvenir des êtres aimés qui, comme ces microscopiques météores, ont brillé un instant et se sont si rapidement évanouis. Il y a entre le feu de charbon de terre et le feu de bois, toute la distance qui sépare la bière du vin de Champagne.

Les Prussiens devaient être de cet avis, car ils

manifestaient autant de prédilection pour ce mode de chauffage que pour la blonde liqueur des coteaux rémois. Dans leurs cantonnements, ils en usaient avec une prodigalité qui a mis tous les bûchers à sec, et nous donnait à penser qu'ils avaient trouvé le moyen d'empaqueter la chaleur dans leurs bottes, pour l'utiliser au bivouac.

Aux plus tristes jours de l'invasion, une châtelaine des environs qui, en sa qualité de sexagénaire, est une zélatrice du culte de Vesta, voyait avec désespoir sa provision s'amoindrir avec une rapidité stupéfiante. Elle imagina de faire abattre et débiter une cinquantaine des arbres de son parc, elle ordonna à ses domestiques de les mélanger au bois sec qu'ils distribuaient à une bande de uhlans que son château avait en ce moment le désagrément d'héberger; mais ils ne se laissèrent pas prendre à cette combinaison machiavélique. Le lendemain, la pauvre dame était encore couchée lorsque le capitaine entra dans sa chambre sans frapper, le cigare aux dents, la casquette sur le nez :

— Votre bois est détestable, madame, lui cria t il sans autre préambule et de sa voix la plus rogue, et depuis quand le savoir-vivre français expose-t-il un gentilhomme à être enfumé comme un jambon?

— Depuis que ces gentilshommes ont emprunté leur savoir-vivre au premier maître de ce jambon, répondit la douairière indignée.

Cette verte réponse n'accommoda point l'affaire ; la châtelaine ne s'en tira qu'en livrant la clef de son bûcher. Il est juste d'ajouter que la galanterie allemande respecta le bois vert qu'on venait d'y ajouter.

On s'est bien souvent égayé aux dépens de l'urbanité exagérée de nos premiers émigrés ; entre ces deux excès de courtoisie et de grossières rudesses, qui hésiterait à donner la préférence au premier? On ne les aurait jamais vus exiger, le pistolet au poing, qu'un pauvre diable goûtât le vin qu'on lui allait voler pour s'assurer qu'il n'était pas empoisonné, au contraire.

En 1794, un officier de l'armée de Condé était logé chez un bourgeois du pays wallon. Celui-ci s'en alla chercher une précieuse bouteille, unique reste d'un vin de Constance, vieux de trente ans, disait-il, afin de fêter son hôte. Au dessert il la déboucha avec des soins minutieux, emplit les deux verres, et voulant se ménager le petit plaisir de la surprise de son convive, il le laissa boire le premier. L'émigré huma lentement, aspira à petites gorgées ; puis, faisant claquer sa langue contre son palais, et reposant le verre vide sur la table :

— Vous aviez raison de me vanter votre Constance, monsieur, dit-il en souriant, jamais je n'avais bu son semblable.

Le bourgeois, enchanté, porta à son tour le cristal à ses lèvres, mais il avait à peine goûté à son contenu qu'il le rejetait avec un cri d'horreur ; il s'était trompé de bouteille, le nectar qu'il avait servi à son hôte, qu'une politesse raffinée avait condamné celui-ci à avaler sans grimace, c'était de l'huile de castor !

LE GRAND-DUC

En Beauce, les traces de nos désastres sont bien moins apparentes que dans les environs de Paris. La mise en scène de la ruine est presque nulle, parce que le mal s'est localisé dans chaque chaumière et a plus atteint leurs habitants que le décor. A Paris, il faudra de longues années, l'effort et l'épargne de plusieurs générations, pour rendre à la grande ville sa splendeur partie en fumée au souffle de quelques sauvages : chez nous, la nature s'est chargée de l'œuvre de réparation et de régénération du théâtre, et quelques semaines lui ont suffi pour accomplir sa tâche.

Je revoyais, il y a quelque temps, un champ de bataille que j'avais visité cet hiver, encore tiède et fumant du sang qu'il avait bu, et j'aurais défié l'empereur d'Allemagne d'y retrouver le moindre vestige des hauts faits de ses légions.

Cette plaine, je l'avais quittée couverte d'une neige que zébraient des milliers de sillons boueux, maculée de larges plaques d'un brun rougeâtre, jonchée de cadavres, de carcasses qui avaient été des hommes et des chevaux, parse-

mée de débris de toutes sortes, armes et armu-
res, vêtements, harnachements, affûts, caissons
brisés ; et, sur ce coin de terre, que je m'étais
naïvement figuré éternellement voué au deuil,
consacré à la désolation, le printemps, avec une
sorte.de coquetterie narquoise, avait étendu le
plus luxuriant de ses manteaux de verdure et de
fleurs. Les tiges grisâtres des seigles ondulaient
joyeusement au gré de la brise, les rosettes des
trèfles incarnats miroitaient au soleil, l'alouette
chantait sur ma tête, le grillon à mes pieds. Une
grande aubépine, brisée par un boulet, avait
poussé des rejetons dont les fleurs nacrées em-
baumaient l'atmosphère, naguère chargée d'horribles senteurs ; où j'avais laissé la mort, je retrouvais la vie ; et tout ce monde, végétal et animal,
semblait dire : Parce que vous oubliez le mot
d'ordre du Créateur, paix et travail, ce n'est pas
une raison pour qu'il manque une seule note au
cantique du renouveau !

Un moment je crus que je m'étais trompé, il
ne me semblait pas que ce pût être là le champ
funèbre. Quelques tiges un peu plus hautes que
leurs voisines, quelques touffes d'un vert plus
intense me rappelèrent que la pourriture est féconde.

Ainsi, j'avais sous les yeux le seul résultat positif et pratique de ce qu'on nomme la gloire, au point de vue du bien-être général de l'humanité ! Un peu de fumier !

Mon voisin Jean-Pierre, qui en produit d'aussi bonne qualité que celui-là, mais à infiniment moins de frais, ne s'en montre cependant pas par trop fier.

Il ne faudrait pas croire que tout fût lugubre dans le spectacle, peu gratuit, que nous ont procuré nos conquérants. La comédie y coudoyait le drame, le grotesque s'y mêlait au tragique, comme dans une œuvre de Shakespeare.

Pour donner à ces souvenirs une note un peu moins sombre, nous demanderons à nos lecteurs la permission de leur raconter une anecdote, dont un château des environs d'Angerville fut le théâtre. Ils se doutent déjà, à ce préambule, que mon historiette est quelque peu entachée de gauloiserie ; mais c'est un prince qui en fut le héros, et ils savent aussi que les faits et gestes princiers appartiennent à l'histoire qui ennoblit tout ce qu'elle recueille.

Les hasards de la guerre avaient amené un grand-duc, chef d'un des corps de l'armée prussienne, dans ce château. Dire que la réception fut cordiale, ce serait faire injure aux sentiments du châtelain, mais elle fut aussi courtoise que le

commandait le rang de l'hôte qu'on avait l'honneur de recevoir.

Un matin, au moment où le grand-duc, un
papier à la main, se disposait à sortir de son
appartement, un aide de camp arriva tout effaré,
lui apportant l'ordre de rejoindre immédiatement le gros de l'armée, fortement engagée à
quelques lieues de là.

Le prince s'habilla, tout en donnant à ses
officiers des ordres pour la marche de ses troupes ; mais ne se décidant pas à renoncer à la
petite promenade qu'il avait projetée, se jugeant
de taille à faire, comme César, bien des choses à
la fois, il imita un autre César, fils d'Henri IV,
dans le sans-gêne dont celui-ci était coutumier ;
il y eut seulement entre lui et ce dernier cette
différence que le tapis remplaça la chaise curule
sur laquelle le duc de Vendôme avait l'habitude
de donner ses audiences.

On peut juger quelle fut la consternation du
maître de la maison, l'indignation de la dame,
lorsqu'ils apprirent quelle était la carte de visite
qu'un hôte aussi illustre avait jugé à propos de
leur laisser.

Ils étaient destinés à marcher d'étonnement
en étonnement. Le soir, une avant-garde venait
leur annoncer que le grand-duc revenait à son

gîte ! Confondus, anéantis de cet aplomb grand-ducal, les deux époux se regardaient sans mot dire. Le mari eut une inspiration : — Retiens-le un instant au salon, dit-il à sa femme ; je te jure qu'il retrouvera son appartement tel qu'il nous l'a laissé !

Et il gravit rapidement les marches de l'escalier.

Effectivement, cinq minutes après, lorsque le grand-duc fit son entrée dans sa chambre ... rien n'y manquait.

LA NEIGE

La neige, pour l'enfance, c'est le ciel se chargeant de lui fournir les éléments de la statuaire et les munitions de la bataille. Ce qu'on lui doit de monuments, ce qu'elle a improvisé de généraux est incalculable. Cet heureux âge a encore d'autres façons originales de l'apprécier : — Regarde, mère, disait l'autre jour une petite jeune personne de Bréda street, voilà le bon Dieu qui a renversé sa boîte à poudre de riz !

Pour les poëtes, la neige est le blanc linceul dont la nature s'enveloppe aux jours de deuil, une belle image qui ne date pas d'hier, mais qui a le privilége de l'éternelle jeunesse.

Le positivisme rustique la considère comme le plus précieux des fumiers, parce que c'est le seul qui ne coûte rien.

Pour les Parisiens, elle est un surcroît de crotte.

Pour le commun des chasseurs, le livre des ânes, le seul dans lequel il leur soit permis d'épeler.

Pour les propriétaires, pour les gardes curieux

de la conservation de leur gibier et de l'aména-
gement régulier de leurs chasses, la neige est le
plus fidèle des comptables, et c'est à ce dernier
point de vue seulement que nous avons à l'envi-
sager.

C'est par la neige, par la neige seulement
que l'on peut apprécier à peu près exactement
la quantité de chevreuils, lièvres, lapins, que
nourrissent les bois, le nombre et l'espèce des
fausses bêtes, renards, blaireaux, fouines, pu-
tois, belettes qui les habitent et dont il sera ur-
gent de se débarrasser ; la neige livre encore
de précieux renseignements sur d'autres braconniers non moins dangereux, non moins intéres-
sants à surveiller, les bipèdes.

Pendant les premières vingt-quatre heures
qui suivent l'apparition de la neige, les animaux
sauvages quittent peu les demeures où elle les
a surpris.

Ce n'est jamais sans un certain serrement
de cœur que nous la contemplons nous-mêmes ;
cette terreur, vague chez l'homme, s'accentue
chez les quadrupèdes ; cette **métamorphose** du
paysage les épouvante. Le cerf, le chevreuil
restent à la reposée ; le lièvre prolonge son séjour dans le gîte de la veille ; à peine si le lapin
vient montrer sa moustache à l'orifice du terrier.

Les carnassiers ont leur part dans l'émoi général ; le renard dîne d'un somme, le loup tourne autour de son liteau en éventant la brise avec inquiétude. Le lendemain, la faim aidant, les appréhensions disparaissent, les traces sont partout, d'autant plus multipliées que la couche glacée qui s'est interposée entre l'animal et la nourricière, aura rendu l'alimentation plus difficile. Si à cette chute de neige succède un de ces beaux froids qui mettent les chevaux en gaieté, le gibier également surexcité aura beaucoup couru et les voies surabondent.

C'est cette heure qu'il ne faut pas laisser écouler sans avoir été dûment renseigné. Plus tard, à mesure que les traces se multiplieront, que de nouveaux pieds croiseront les plus anciens, la besogne deviendra plus laborieuse, elle exigera plus de sagacité et d'expérience. Le lapin, l'animal randonnier par excellence, laisse tant de signatures sur le tapis qu'il est à peu près impossible d'en tirer parti pour déterminer ce qu'on en possède.

Si attentif, si scrupuleux, si amoureux de son métier, si jaloux du bon état de sa garderie que soit un garde, il rapportera toujours quelque chose de ces instructives tournées : elles lui désigneront les triages dans lesquels les chevreuils dont le rut est terminé et qui se sont remis en harde, se cantonnent ; elles lui diront les points de la plaine sur lesquels les lièvres sortent de préférence pour faire leur nuit ; ces indications lui seront d'un grand secours s'il tient à les soustraire aux razzias des braconniers, que la neige aura également mis en campagne.

Si certain qu'il puisse être d'avoir purgé ses bois de tous leurs brigands à quatre pattes, il n'y a rien d'impossible à ce qu'il découvre l'irrécusable témoignage de la présence de quelqu'un de ces hôtes redoutables, renard ou loup, et il n'oubliera pas de bien déterminer les passées du premier, à l'aide de brisées, afin d'y placer ses piéges. Enfin, une petite promenade autour des tas de fagots et des bois en corde, lui livrera le secret des repaires des bêtes puantes au menu corsage ; l'étude de leurs marches et contre-marches lui indiquera comment il y a lieu de rectifier ses chemins d'assommoir.

Les bandits de l'air ne seront pas oubliés; la guerre qu'on leur fait en temps de neige est toujours fructueuse. Ne comptez les piéges à poteau que pour mémoire ; on continue à s'en servir par respect pour la tradition, et puis parce qu'en somme deux précautions valent mieux qu'une; mais les gens du métier les tiennent en médiocre estime. En revanche, recommandez à vos gardes de choisir ce moment pour tendre en jardinet tous leurs pièges; d'en disposer avec appât de chair soit au milieu de petits plateaux, soit sur quelque éminence naturelle de la plaine, rocher ou butte de terre, ces derniers distanceront de bien loin les pièges à poteaux.

Et pour finir, par la neige, tout pied humain qui quitte la route, le sentier battu, pour s'engager sous les couverts, doit être tenu pour un peu plus que suspect. Le garde doit immédiatement se rabattre sur cette voie et la rapprocher jusqu'à rembuchement ou buisson creux, en tout cas, conserver fidèlement cette empreinte dans sa mémoire, une semelle de soulier ferré est beaucoup plus babillarde qu'on ne suppose.

PROVERBES RELATIFS AUX ANIMAUX

Je ne sais rien qui donne une plus pauvre idée
de nos qualités d'observation que les aphorismes et proverbes que nous avons empruntés à
l'histoire naturelle, et par lesquels nous affichons
la prétention de peindre d'un trait le caractère
typique d'un animal, et d'en faire le point de repère de nos comparaisons. Nous allons, si vous
le voulez bien, en ébaucher une petite revue.

On dit : bavard comme une pie ! La pie est
beaucoup moins loquace que beaucoup d'autres
oiseaux. Les paroles oiseuses, voilà le criterium
de ce qu'on appelle le bavardage ; or, la pie ne
cause jamais inutilement. C'est bien moins sa
langue que ses instincts de méfiance qui ne s'en-
dorment guère ; elle est sans cesse aux aguets,
et, comme une certaine solidarité existe dans sa
race, sans relâche aussi elle avertit ses compagnes des faits et gestes de leur grand ennemi ;
il suffit de remarquer les modulations parfaitement distinctes de son langage pour en être
convaincu. Si la pie borgne a été jugée digne

d'une mention hors ligne de ce chef, c'est parce que, ses défenses étant désarmées d'un côté, ses inquiétudes et par suite ses garde-à-vous ! s'exagèrent.

L'étourderie de l'étourneau n'est fondée que sur la consonnance du mot et du nom. Un étourneau perché sur un arbre se laisse difficilement approcher. Lorsqu'il est établi sur le dos d'un mouton et picore, à l'espagnole, le gibier que la toison lui fournit, il reste parfaitement indifférent à vos menaces, il sait que votre plomb ne saurait l'atteindre sans endommager le piédestal. Ce n'est point là le calcul d'une tête sans cervelle.

Je ne remonterai pas à l'histoire ancienne pour chercher d'éclatants démentis à la prétendue stupidité que nous attribuons à l'oie ; d'ailleurs, qui est-ce qui n'a pas un petit peu sauvé le Capitole aujourd'hui ? En dépit du préjugé, l'oie est un oiseau d'une subtilité d'instinct, d'une sagacité remarquable. Dans la vie sauvage elle se garde avec une vigilance que plus d'un capitaine aurait dû se proposer pour modèle. Elle reste une bête d'esprit dans la domestication. J'ai quelquefois rencontré dans le Maine d'immenses troupeaux d'oies qui, pendant la journée, s'en allaient paître dans les champs sous la conduite d'un petit garçon. Presque tous les habitants du bourg avaient des pensionnaires dans la bande. Le soir, quand le pâtre ramenait sa légion emplumée, à mesure qu'elle traversait la grande rue, chaque groupe se détachait spontanément et de lui-même du bataillon et regagnait sa demeure particulière.

Le serin est encore une victime de notre manie de dénigrement. Pour celui-là du moins nous avons un prétexte : sa livrée est jaune et, avec la malice qui nous distingue, nous avons décidé que le jaune était une couleur plus bête que les autres.

Parlons de la poltronnerie du lièvre, un pauvre animal qui, contre tant d'ennemis acharnés à sa destruction, n'a reçu d'autre sauvegarde que l'agilité de sa course. Avant de me prononcer sur elle, j'avoue que je voudrais avoir vu la figure que ferait un César du meilleur aloi, s'il se trouvait pendant vingt-quatre heures dans la peau du misérable fuyard.

Nous n'en finirions pas, si nous entreprenions d'énumérer les rengaines du même genre qui de par l'habitude ont reçu force de loi : la sottise du daim, lequel, tous les veneurs vous l'apprendront, a autrement de ruses dans son sac que le cerf ; la prudence du serpent, qui est prudent

parce qu'il rampe probablement et qui ne rampe
que parce qu'il n'a ni pattes ni ailes à son service ; la vivacité du gardon, une tortue en regard
de la truite et de l'ombre, etc., etc.

Nous arriverons, pour terminer, aux deux
êtres envers lesquels nous nous sommes montrés
le plus injustes dans notre chasse aux comparaisons imagées, le chien et l'âne. Pour ce qui
est du premier, nos intempérances de langage à
son endroit nous constituent en flagrant délit
d'ineptie, puisque, tout en adoptant les préjugés
des Orientaux qui le tiennent pour immonde,
nous ne l'acceptons pas moins pour compagnon
et quelquefois pour ami.

Notre manière de nous conduire envers le second doit être bien plus sévèrement qualifiée.
Nous en avons fait le bouc émissaire de tous nos
vices, de toutes nos turpitudes. Avons-nous à
caractériser le maximum de la sottise, c'est
l'âne que nous choisissons sans hésiter pour emblème ; de la paresse, encore l'âne ; son nom
est devenu une espèce de superlatif de l'adjectif
ignorant. Ah ! s'il lui était permis de vous apos-
stropher à son tour, le pauvre baudet dont la
finesse, la malicieuse bonhomie sont si indignement travesties, comme il vous démontrerait en
quatre points que les théories stoïques des sept

sages sont un pur verbiage auprès du courage,
de l'impassible résignation, de la patience, de la
fermeté avec lesquels il supporte les rigueurs
d'une destinée que notre égoïsme et notre
cruauté lui font si pénible, et comme il vous dirait
en terminant son petit discours : — S'il vous
faut absolument de vilains types pour vos défauts, croyez-moi, ne prenez pas tant de peine,
en cherchant un peu et même sans chercher,
vous les trouverez facilement dans vos rangs.

Je connais peu de jolies femmes — peut-
être devrais-je généraliser davantage — qui, à
table, résistent à la tentation d'avertir leur public qu'elles mangent comme un oiseau. Quelques-unes, et ce ne sont pas toujours les plus
diaphanes, disent même comme un colibri. Ces
dames ne se doutent guère que cette assimilation
gracieuse leur attribue les facultés absorbantes
d'un gargantua. En raison de sa puissance di-
gestive, de la rapidité qu'affecte chez lui la
combustion sanguine, l'oiseau est de tous les
êtres celui qui, relativement à son volume, bien
entendu, consomme la plus grande quantité de
nourriture.

Il ne mange qu'un grain de millet à la
fois, il est vrai ; ne pas mettre les morceaux
doubles est également chez nous l'habitude des

gens bien élevés ; mais ces grains se suivent presque sans trêve et sans relâche tant que le soleil est sur l'horizon ; il mange en sautillant, quelques-uns mangent en volant ; il interrompt sa chansonnette pour croquer quelque chose, et, s'il rêve en dormant, c'est à coup sûr de quelque graine savoureuse, de quelque larve bien tendre.

Je n'ai point expérimenté sur le canard, sur le dindon, qui appartiennent cependant au règne de l'ornithologie, mais que, par une de ces contradictions dont nous sommes coutumiers, nous avons choisis pour types de la voracité et de la gourmandise ; j'ai pesé les aliments d'un oiseau de très-bonne compagnie, d'un serin ; j'ai également pesé, puis défalqué les épluchures des graines d'alpistes que j'avais servies à mon sujet, et j'ai trouvé qu'il avait absorbé, dans une journée, le sixième à peu près du poids de son corps. Il en résulte qu'une belle dame qui mangerait comme mon oiseau, et qui, si vaporeuse que je la suppose, pèse encore ses 40 petits kilogrammes, aurait à faire passer $6^{kil},66$ de nourriture dans son estomac de bengali, pour que sa prétention fût justifiée !

On dit jaloux comme un tigre, pourquoi ? Le tigre est féroce, sanguinaire, bassement cruel, comme l'a fait M. de Buffon, je le veux bien ;

mais qui diable l'a étudié d'assez près dans son alcôve pour le déclarer convaincu de cette petitesse de mauvais goût qui l'a perdu de réputation auprès de notre beau sexe à nous?

Sans doute, au printemps, lorsque la brise lui arrive chargée d'effluves provocateurs, le tigre oublie ses autres appétits. Plissant son masque formidable, fouettant ses flancs de sa queue puissante, il bondit à travers les jungles, il va jusqu'à ce qu'il ait rencontré la compagne désirée ; sans doute aussi, si dans ce moment un rival se présente, les deux compétiteurs se livreront un combat de... tigres ; mais cette histoire est non-seulement celle de tous les félins depuis notre lapin de gouttière jusqu'au lion, mais celle aussi de tous les animaux auxquels la nature a assigné une périodicité régulière dans leurs amours. Ce temps passé, madame peut jeter son bonnet de tigresse par-dessus tous les moulins du Bengale sans que son seigneur et maître d'un moment daigne faire à ses écarts l'honneur d'un froncement de sa moustache.

Nous avons chez nous, dans le cerf, un type beaucoup plus caractérisé de la jalousie. Le sentiment est également transitoire, mais il a chez ce dernier la couleur grandiose, les façons superbes d'une jalousie de sultan. Il faut voir l'ardeur passionnée avec laquelle le vieux dix-cors travaille sans cesse à grossir le troupeau qui l'escorte, le soin jaloux avec lequel il veille sur son sérail ; il faut avoir été témoin des combats furieux qu'il livre à tous les animaux de son sexe qui s'en approchent, pour avoir la mesure de la violence que cette jalousie affecte chez lui. Des cerfs dont les andouillers s'étaient enchevêtrés dans la bataille et qui n'avaient pu les dégager, ont été trouvés morts de faim autant que de leurs blessures, et encore rivés l'un à l'autre, dans la forêt de Fontainebleau.

Je vais maintenant essayer de vous montrer que la jalousie qui s'élève au-dessus des appétits et de l'instinct ne s'est développée chez les animaux que par la domestication, et je vous citerai quelques exemples du degré d'intensité auquel elle peut atteindre chez le chien qui, vivant plus près de nous, y est plus accessible qu'aucun autre.

JALOUSIE CHEZ LE CHIEN

La jalousie immatérielle, celle qui n'a pas un
appétit pour mobile, une jouissance pour but,
existe chez les animaux dans la domestication.
Cependant ce sentiment humain, quand un de
ces êtres nous l'emprunte, il ne l'applique
presque jamais à un de ses semblables : s'il y
cède, s'il prétend accaparer une affection, ce
sera celle de l'homme, du maître, et il n'est peut-
être pas de plus éclatant témoignage de l'hu-
milité avec laquelle les bêtes reconnaissent la
supériorité de notre espèce sur la leur.

J'ai observé pendant plusieurs années un chenil
qui renfermait toujours de vingt à vingt-cinq
chiens ; j'ai reconnu qu'il existait entre ce que je
me permettrai d'appeler leurs caractères, des
nuances très tranchées et quelquefois fort originales ; je les ai vus subir la loi du plus fort, accepter la domination du plus hargneux avec une pas-
sivité que la race humaine n'eût pas désavouée ;
accabler les faibles, les souffreteux, appuyer d'un
coup de dent le coup de fouet qui tombait sur

l'échine du voisin, tout cela avec une lâcheté qui malheureusement ne leur est pas spéciale. Jamais je n'ai surpris chez un de ces animaux une préférence bien marquée pour tel ou tel de ses camarades, partant nulle trace de jalousie à leur égard. Mais par exemple, si le piqueur s'avisait de cajoler un de ces messieurs, toute la société entrait en effervescence, chacun protestait sans unisson, c'était un tapage à vous rendre sourd.

Du reste, cette tendance à revendiquer les caresses de la main qui les nourrit, on la retrouve chez presque tous nos commensaux. J'ai vu une jument qui oubliait son avoine pour démolir sa stalle à coups de sabots, lorsque son palefrenier flattait un cheval son voisin d'écurie du geste et de la voix. Dans une étable où une vache et un âne vivaient en communauté, lorsque la bonne femme venait traire la première, elle n'était pas plutôt assise sur son escabelle que le brave baudet, quittant sa crèche, s'approchait, reposait sa tête sur l'épaule de la vieille et restait là tant que durait la traite, comme pour s'assurer ses bénéfices de la visite. Ces exemples, je pourrais les multiplier à l'infini.

Chez le chien, ce sentiment arrive à des proportions véritablement humaines. Il le pousse

si loin, si peu de ces animaux en sont exempts,
que le proverbe que nous citions l'autre jour
serait rigoureusement exact, s'il l'avait choisi
pour type et si l'on disait jaloux comme un chien.
Tout lui porte ombrage quand il s'agit de l'amitié
du maître ; non-seulement il souffre difficilement
que celui-ci en fasse une part, si mince qu'elle
soit, à un autre animal, mais il est, visiblement,
très-douloureusement affecté, lorsque les témoignages de l'affection de ce maître s'adressent
même à quelque bipède ; en pareil cas son œil, cet
œil qui est chez lui le raccourci d'une physionomie, s'alanguit, il devient humide, et la tête se
détourne de ce désagréable tableau, avec une
résignation consternée.

C'est principalement à l'endroit des enfants
que cette jalousie se manifeste. Il y a une vingtaine d'années, un fonctionnaire de l'administration des forêts avait ramené de Dresde un de
ces énormes braques qui fleurissent en Allemagne ; la fille aînée en avait fait de suite son favori
et obtenu qu'on lui accordât ses petites et ses
grandes entrées dans l'appartement. L'animal
était si doux, il se prêtait avec tant de complaisance aux caprices de sa jeune maîtresse
— un vrai tyran — il montrait pour elle un
attachement si absolu, enfin il y avait un con-

traste si piquant dans la domination de cette
frêle blondine sur cette bête gigantesque, que
les parents enchantés encouragèrent la liaison
et permirent que le chien dormît, la nuit, sur
un tapis, devant le lit de son amie.

On ramena de la campagne un second enfant
qui était en nourrice et la situation se modifia ;
le chien fut complètement délaissé pour le petit
frère que la sœur aînée aimait beaucoup et
avec lequel elle pouvait jouer presque pour de
bon à la maman ; l'abandonné en conçut une
irritation manifeste, il devint triste, morose ;
quand la petite fille embrassait le baby, il le-
vait sur eux ses yeux sanguinolents et gron-
dait sourdement. On négligeait ces symptômes,
on s'en amusa.

Un jour que les enfants étaient restés seuls
avec leur compagnon et que l'aînée berçait le
petit garçon sur ses genoux, le braque, sans
provocation aucune, s'élança sur celui-ci et,
d'un coup de dent, lui enleva un morceau de
la joue. Aux cris on était accouru.

Tandis qu'on emportait les enfants, le père
avait pris un pistolet, il avait tiré sur le chien.
Atteinte mortellement, la misérable bête eut
encore la force de se traîner dans la chambre où
l'on avait transporté sa petite maîtresse, et ce fut

sur son tapis et les yeux fixés sur elle qu'il
expira. Le dénoûment n'est pas d'un tigre, mais
la jalousie que l'on prête à celui-ci n'en est pas
moins bien mesquine auprès de celle-là

TERREUR DU FEU CHEZ LES ANIMAUX

Ce qui caractérise au plus haut degré l'influence de l'homme sur les animaux ralliés, c'est la disparition de la terreur instinctive que, dans leur vie sauvage, ces animaux éprouvaient pour le feu.

Personne n'ignore que, dans les contrées désertes, de grands brasiers allumés autour du campement sont, pour les voyageurs, le plus sûr moyen de se soustraire aux attaques nocturnes des bêtes féroces ; toutes lâchent pied devant ces scintillements dans les ténèbres, le lion et le chacal d'Afrique, le tigre des jungles, le jaguar et les coyottes d'Amérique. La vie domestique les a réconciliés avec cet épouvantail ; loin de s'effrayer des feux de bivouac, les chevaux, les bœufs semblent vaguement comprendre qu'ils sont pour eux une protection. Chez eux cependant les facultés discernantes ne sont pas assez étendues pour leur permettre d'en apprécier les autres avantages ; mes observations per-

sonnelles sont, sur ce point, d'accord avec les
renseignements que m'ont fournis plusieurs
soldats de nos grandes guerres ; le cheval lui-
même ne trouve pas dans l'absorption du calorique une grande volupté. De plus, l'effacement
dont je parlais ne se transmet pas héréditaire-
ment chez ce dernier animal : lorsque, jeune, il
est pour la première fois mis en présence d'un
foyer incandescent, il manifeste toujours un vif
effroi ; le chien, au contraire, paraît familiarisé
avec le feu presque en venant au monde.

Chez le chien, chez le chat, notre autre commensal, le triomphe de l'influence humaine est
complet. Non-seulement ils ne craignent plus le
feu, mais ils ont si bien apprécié les charmes de
la chaleur qui s'en dégage, qu'ils l'aiment avec
une sorte de passion. Empêcher un chien de
venir se griller le nez sur les chenets est une des
tâches les plus ardues que je connaisse. Remon-
trances parlées et mimées, rien n'y fait ; s'il
s'éloigne avec la physionomie la plus piteuse
qu'il ait à sa disposition, ce sera pour revenir,
aussitôt votre attention distraite, en usant de
ruses, de subterfuges presque diplomatiques,
sans se lasser, sans se décourager jamais.

Grand admirateur de l'intelligence canine,
j'ai voulu voir ce dont elle était capable, solli-

citée par ces impérieux appétits de calorique.
Vous connaissez ce racontar digne de figurer
dans les aventures du baron de Munchausen.
Un chasseur avait jeté un charbon incandescent
à son chien, en lui ordonnant de le rapporter ;
l'animal commença par éteindre la braise, puis
il la prit dans sa gueule et obéit à son maître !
Je demandais beaucoup moins au sujet sur
lequel j'expérimentais, mais je fus loin d'être
aussi heureux.

C'était un griffon auquel, comme on dit, il ne
manquait que la parole, et, de plus, enragé pour
le chauffage. A plusieurs reprises, en choisis-
sant toujours des journées froides, je disposai
dans l'âtre une petite lampe à portée d'un joli
tas de copeaux. Il suffisait de rapprocher une
de ces brindilles de la flamme pour avoir une
de ces joyeuses flambées dont mon animal était
si friand. Je l'observai : il vint, suivant son habitude, s'asseoir sur sa queue devant le foyer ;
il y resta pendant quelques minutes grelottant,
contemplant mélancoliquement ce lumignon qui
chauffait si peu, puis s'en alla se coucher dans
un coin. Au bout de quelques instants, il reprit
son premier poste en accentuant son attitude
douloureuse ; l'idée de pousser un des copeaux
sur la lampé ne se fit point jour dans son cer-

veau, bien que, pour en faciliter la conception, lui prenant la patte, je lui démontrasse plusieurs fois le brillant résultat qu'il pouvait obtenir d'un de ces mouvements. Je ne doute pas cependant qu'on ne puisse dresser un chien à allumer mécaniquement du feu comme on le dresse à toutes sortes d'autres tours de force, mais cela n'infirmerait point mes conclusions, qui sont que tout acte complexe est absolument hors de la portée de l'intelligence animale.

Les oiseaux n'ont pas pour le feu cette appréhension si tranchée chez les quadrupèdes. L'objet de leur horreur, ce sont les ténèbres ; celui de leur amour, c'est le soleil dont toute flamme leur apparaît comme un reflet. Approchez une torche, une lanterne du buisson où ils sommeillent, ils regardent ces clartés inattendues avec surprise, quelques-uns les saluent avec un doux gazouillement. Les hommes ont nécessairement spéculé sur cette disposition pour les détruire.

Dans la domesticité, ils se montrent quelquefois non moins sensibles que le chien et le chat aux agréments du foyer. J'ai vu dans des fermes des poules se chauffer gravement et sensuellement au coin de l'âtre. Un corbeau de la grosse espèce, qui fut mon hôte pendant plusieurs hi-

vers, fit élection de domicile sur les hauts lan-
diers de la cuisine et se montrait aussi jaloux de
son poste à l'entresol que le chien l'était de sa
place au rez-de-chaussée. Ce corbeau se chauffait, lui, avec des raffinements fort usités dans
l'ancien beau monde, mais que celui d'aujour-
d'hui, mis au régime des opérettes que vous
savez, déclarera si superlativement shocking que
je ne sais comment m'y prendre pour les décrire.
J'ai heureusement dans mon bagage une petite
anecdote sur ce procédé malséant de chauffage
dont ont raffolé nos grand'mères. Cette anecdote,
je la tiens d'un vieillard qui fut l'un des familiers du château de Coppet, et comme tout ce
qui se rattache aux grands esprits est de l'histoire, sa gravité sauvegardera ma peinture, sans
compter qu'elle va démontrer que la petite méthode de mon corbeau n'avait pas toujours été
mal portée.

Madame de Staël en était coutumière : quand
elle sortait de table, elle s'installait, en lui tournant le dos, debout devant la cheminée, et alors,
manœuvrant adroitement ses jupes, elle s'exposait le plus discrètement possible aux caresses
de la flamme. Un soir, elle venait de prendre sa
place et son attitude ordinaire. Benjamin Constant occupait un fauteuil à sa droite, à sa gau-

che était assis un épais gentilhomme bavarois ;
le reste des hôtes du château complétait le
cercle. Mais, ce soir-là, l'atmosphère était à l'o-
rage. Une discussion assez vive s'était élevée à
table entre la châtelaine et l'auteur d'*Adolphe ;*
elle se poursuivait avec une animation croissante,
et si bien qu'ayant une réplique assez vive à
envoyer à son interlocuteur, l'impétueuse Co-
rinne, se tournant et se penchant vers lui, oublia
absolument de baisser la toile. L'assistance
restait interdite. Madame de Staël se mordait les
lèvres avec colère, et Benjamin Constant fronçait
les sourcils. Ce fut le bénéficiaire de cette étrange
mais rapide vision qui recouvra le premier la
parole, mais ce ne fut pas à madame de Staël
qu'il s'adressa :

« Monsieur de Constant, dit-il dans son bara-
gouin franco-allemand, mais avec l'accent d'une
indéniable sincérité, j'affre fermé les yeux si à
bropos, que sur ma foi de chentilhomme je vous
chure que che n'ai rien vu di tut, mais di tut ! »

Cette fois personne n'y tint et l'éclat de rire
fut général.

L'ANE

Dans notre chasse aux comparaisons imagées empruntées à l'histoire naturelle, l'âne est certainement l'animal envers lequel nous avons été le plus injustes. Nous en avons fait le bouc émissaire de tous nos vices.

Ah! s'il lui était permis de nous apostropher à son tour, le pauvre baudet, dont la finesse, la malicieuse bonhomie ont été si indignement travesties, comme il nous démontrerait en quatre points que les théories stoïques des sept Sages sont pur verbiage auprès du courage, de l'impassible résignation, de la patience, de la fermeté avec lesquels il porte les rigueurs d'une destinée que notre cruauté et notre égoïsme lui font si pénible.

Tenez, le voilà petit.

Avec l'heureuse imprévoyance de son âge, il a gambadé, cabriolé, s'est roulé sur la nappe verte, en se reposant, comme tous les fils de famille, sur les mâchoires de sa mère du soin de travailler

pour lui. La brise aigre, qui là-haut fouaille les
nuées, a fait courir de désagréables frissons sur
son habit gris de lin et, se croyant le droit d'être
frileux ou délicat tout comme un autre, il s'a-
brite derrière le corps de sa maman. Tout de
suite, las de cette immobilité qui n'est pas dans
ses habitudes, il regarde du côté de l'écurie, où
maintenant il voudrait être rentré, et, pour tuer
le temps, abaissant son nez aussi blanc que si le
lait maternel le barbouillait encore, il broute du
bout des lèvres quelques tiges d'herbe tendre.

Pauvre ânon, savoure-les donc à loisir, ces
joies de la liberté et de la franche lippée qui
pour toi passeront si vite ; folâtre dans la prairie,
sans te soucier ni du vent ni de l'inclémence du
ciel, car ton sort te réserve bien d'autres épreuves
et bien d'autres misères. Encore quelques jours,
et ces heures perdues, tu les regretteras amèrement.

L'homme est là qui te guette ; de temps en
temps, il promène sa main sur ton échine, il en
fait craquer les articulations ; tu prends le geste
pour une caresse et de ta bonne grosse tête tu
essayes de la lui rendre, innocent ânon ! Ce qu'il
veut savoir et ce dont il cherche à s'assurer, ce
bon maître, c'est de la solidité de tes reins pour
y installer le bât.

Le bât, entends-tu bien? le bât! Le cheval a la selle; à toi, rien qu'à toi, ce qui caractérise la servitude, la servitude la plus dure et la plus abjecte.

Alors plus de repos, à peine du sommeil, encore moins de nourriture, voilà quel est ton lot, mon pauvre petit ânon. Le fumier à monter aux vignes par le sentier rocailleux, les fruits, les légumes à porter au marché, la *maunée* à conduire au moulin, la petite récolte à rentrer, le foin, l'herbe, le bois, que sais-je encore? à voiturer; voilà ta tâche. Le septième jour, le jour de répit qui t'a été assigné par le Seigneur lui-même, tu te remettras de tes fatigues en menant les filles à la danse.

Si lourde que soit ta charge, si disproportionné que soit le fardeau avec ta faible structure, ne t'avise pas surtout de regimber ou de succomber : pour ton maître ce serait tout un; n'essaye pas davantage de conserver l'allure lente et paisible que comportent tes jambes grêles, sinon gare... Non pas le fouet, pour toi trop aristocratique..., gare le bâton qui rentre dans ton apanage, puisque tu es né de la race de la bête martyre!

Et cela durera quinze ans, vingt ans, trente ans même, car Dieu, si sévère pour ton espèce, lui a encore infligé le triste don de longévité. Mort, tu n'en auras pas encore fini avec tes tyrans, ils continueront à s'escrimer sur ta peau, qu'ils auront transformée en tambour.

Après avoir qualifié d'entêtement la preuve de jugement que tu fournis quelquefois en opposant une passive résistance aux capricieuses inepties de tes bourreaux, un naturaliste en manchettes a cru faire beaucoup d'honneur à tes semblables en leur concédant la patience et la sobriété. Si M. de Buffon avait daigné descendre dans son écurie, pour étudier d'un peu plus près celui dont il entreprenait le portrait, il aurait bien vite reconnu dans son âne le philosophe par excellence, c'est-à-dire le philosophe pratique.

Que la sagesse de tes ancêtres te guide dans le rude chemin qui s'ouvre devant toi, pauvre ânon, et qu'elle t'inspire le dédain des maux passagers que tu auras à traverser. Voici peut-être un moyen de leur échapper. Dans les récents carnages auxquels ils se sont fraternellement livrés, les hommes ont découvert que tu l'emportais de bien loin, sur ton superbe rival, le cheval, par la délicatesse de ta chair. Arrivé à la maturité de la vie, si, avant l'heure, tu veux dire adieu à ce labeur sans joies, si tu te

décides à hâter l'heure où tu entreras dans l'é-
ternel repos, tu as maintenant la ressource de
tenter par ton embonpoint la concupiscence de
ton maître.

LE MERLE

Le *Donec eris felix* est aussi rigoureusement pratiqué par les oiseaux que par les humains : tant que le ciel nous sera clément, tant que les buissons verdoieront et fleuriront aux tièdes caresses de la brise, tant que se prolongera l'illumination des dessous de la futaie, la salle du festin, que la table sera servie sur l'arbre comme dans l'herbe, tant que les baies rougiront, se doreront à tous les rameaux, enfin tant que durera la fête, ce sera par douzaines que se nombreront nos chanteurs emplumés, fauvettes, linottes et linots, loriots, rossignols, etc., etc. ; viennent les jours de deuil, avant même que nous en ayons connu l'aube, car ces aimables virtuoses ont cette prescience du malheur qui caractérise les égoïstes, ce peuple d'artistes nous aura abandonnés, et, quand sonnera l'heure cruelle, ce sera à peine si nous retrouverons autour de nous cinq ou six amis, quelques passereaux, les mésanges et le merle, et ce dernier sera a peu près le seul qui protestera par des chansons contre cette tristesse qui du décor s'étend à la créature.

Oh! le brave et joyeux oiseau que le merle! Si peu que l'on se souvienne et si peu que l'on soit enclin à prévoir, comme on lui pardonne aisément les petits méfaits que, dans son ardeur à procurer à ses nourrissons la succulente nourriture exigée par la rapide croissance du premier âge, il aura commis dans les plates-bandes du jardin. Le merle, c'est la gaieté de l'ermitage qu'il vivifie par de continuelles allées et venues; le merle c'est le boute-en-train du travailleur; à l'heure matinale où celui-ci s'éveille, quand d'un pas incertain et encore engourdi par le sommeil il sort de la chaumière, ce sifflement alerte qui, partant du buisson, salue les premières lueurs de l'orient, rappelle à l'homme que le jour est la vraie joie, et qu'en dépit du labeur il est doux de se sentir vivre.

Comme le corbeau, le merle est vêtu de noir, mais il le porte si allègrement que la couleur de l'habit perd sa signification funèbre. Son allure sautillante est aussi vive, aussi fantaisiste que celle de l'autre est lente, mesurée, solennelle. Et puis quelle différence dans ces deux physionomies d'oiseaux! Avec son bec grisâtre et ter-

reux, toujours dénudé à sa base, cet iris bleuâtre
qui lui donne un regard farouche, sa voix de
chantre d'église et sa livrée, le corbeau rappelle
ces serviteurs de la mort qui nous conduisent à
la dernière demeure ; le merle porte son deuil
avec l'inconscience de l'enfant qui sourit encore
sous les crêpes dont on encadre son frais visage ;
enfin, son bec et ses paupières d'un jaune franc,
rompent la sombre monotonie du vêtement, et
cette belle humeur dont on l'a fait l'emblème
rayonne dans ses grands yeux bruns.

Laissez passer les mois, et vous apprécierez
comme il le mérite votre hôte agréable d'aujour-
d'hui. A mesure que la saison se fera plus sévère, il se rapprochera de plus en plus du logis
dont il animait les alentours ; un peu en obéis-
sant à l'instinct qui pousse tous ceux qui souf-
frent ou qui craignent à se serrer autour des
plus forts, beaucoup comme Lazare pour recueillir les miettes que votre luxe insouciant
éparpille, les baies du lierre qui font au vieux
puits un encadrement pittoresque, celles des
sorbiers du jardin, des aubépines, des sureaux
de la haie, de dix autres de nos arbres d'agrément.

Quand la terre disparaîtra sous son linceul de
neige, il s'enhardira davantage, il poursuivra sa

glane jusque sous vos fenêtres, jusque sur votre seuil ; il ne croit pas possible que vous profitiez du malheur commun pour l'accabler, ce en quoi, hélas! il se trompe souvent, le confiant oiseau.

Puis, lorsque, succombant à la nostalgie du soleil, accablé par cette interminable succession de jours brumeux, alangui par ce continuel et morne silence des êtres et des choses, vous céderez au découragement, alors vous entendrez sortir du hallier de ronces, le seul qui ait conservé ses feuilles, une voix claire, vibrante ; ce n'est point un chant, c'est une fanfare, le ralliement sonné par le clairon dans la bataille qui réconforte et qui électrise ; elle vous dira, cette voix du merle : Courage, homme de peu de foi, qui redoute, parce qu'il doute. Dans ce monde d'immortalité, rien ne nous est pris, qui ne nous soit rendu. Ce printemps dont tu désespères, je le célèbre, sous la brise et dans la froidure, parce que déjà courent dans ma chair des frissons bienfaisants qui m'ont averti qu'il est proche. Courage, nous le reverrons tous les deux, et avec lui l'abondance et l'amour.

Un de mes voisins possède un merle dont l'histoire vaut la peine d'être racontée. Cet oiseau appartenait à son fils, un enfant de dix ans, frais, rose et joufflu sous ses guenilles, lequel

l'avait déniché et élevé, non sans peine. Quelques
mois après sa capture, l'oiseau ayant engagé sa
patte entre les fils de fer de sa cage, elle
s'était cassée. Chez nous, on va chez le rebouteux
quand la victime d'un accident de ce genre est
un homme ou une bête de produit ; mais s'il
s'agit d'un animal de luxe, chien, chat ou merle,
le seul chirurgien dont on se mette en frais, c'est
la nature. Dans le cas que je cite, celle-ci fit
merveille ; la suppuration sépara du membre la
partie brisée, la plaie se cicatrisa, et avec son
unique patte, le prisonnier ne se porta pas plus
mal et n'en siffla que de plus belle.

Malheureusement, à quelque temps de là, un
vent de fièvre passa sur la chaumière et enleva
le pauvre petit blondin.

Le père et la mère, qui n'avaient que lui,
étaient désespérés, et bientôt le bonhomme déclara qu'il ne pouvait plus voir ce merle qui, à
chaque instant, ravivait sa douleur en lui rappe-
lant son enfant. Je lui proposai de le lui acheter, il refusa. Un jour il mit l'oiseau dans une
manche de sa blouse, et s'en alla le lâcher dans
un bois à une lieue de sa maison. Le lendemain,
au petit point du jour, il était encore dans son
lit quand il entendit au dehors un sifflement qui
le fit frissonner. Il se leva il ouvrit la porte, le

merle boiteux était perché sur la cage restée
accrochée à la muraille : — Tenez, me disait-il
en me racontant ce retour, au moins étrange,
bien que je ne sois pas câlin, quand j'ai revu
cet oiseau, les larmes m'ont *giglé* des yeux
comme une pluie ; il me faisait honte de la lâcheté avec laquelle j'avais été perdre celui que
le petit gars aimait tant ; et quand je l'ai em-
brassé, avant de le remettre dans sa cage, ça
m'a secoué le cœur, comme s'il y avait quelque
chose de mon pauvre Charles sous ses plumes !

*
* *

J'ai signalé quelques animaux que nos proverbes avaient singulièrement calomniés. Je vois
du matin au soir voltiger devant ma fenêtre un
brave oiseau qui semble, en multipliant ses allées et venues, me reprocher de l'avoir oublié
dans ma nomenclature vengeresse ; l'omission
est d'autant moins pardonnable que nous avons,
comme je vous l'ai dit, à acquitter une dette de
reconnaissance vis-à-vis du merle.

Dans un certain milieu, quand on veut qualifier un homme défectueux soit au physique,
soit au moral, on dit de lui : C'est un vilain merle ;
un joli merle accentue encore cette même signi-

fication, il ne s'emploie que par ironie. Or, avec
son habit de velours, tantôt noir et tantôt gris,
ses grands yeux un peu mélancoliques, mais vifs
et brillants, les niellures d'un jaune d'or de son
bec, non-seulement le merle est un bel oiseau,
mais la locution ne saurait s'appliquer à une
fraction de sa race. La laideur est un fruit de la
civilisation comme le rachitisme : il y a de vilains
chiens, de vilains chevaux, de vilaines poules
depuis que nous nous sommes mêlés de leurs
petites affaires, comme il y a, hélas ! de vilains
hommes ; il n'existe pas plus de vilains merles
que de vilains lions, de vilains cerfs, de vilains
lièvres, etc. Dans l'état de nature, le moule fournit des épreuves fort exactement identiques ;
l'étoffe dont ils se sont vêtus est coupée dans la
même pièce et l'habit sort des mains du même
tailleur.

Nous ne nous montrons pas beaucoup plus
sagaces quand nous proposons de payer d'un
merle blanc la réalisation d'une chose impossible, mais du moins notre croc-en-jambe à l'observation n'a rien d'humiliant pour un oiseau
des plus aimables ; et puis le rapprochement se
justifie dans une certaine mesure : il y a des cas
d'albinisme chez les merles comme dans toutes les
autres espèces, mais ils ne sont pas communs.

Je finirai par une anecdote que me rappelle le
merle blanc, mais qui doit figurer au dossier des
enfants terribles. Un bas-bleu qui dut une certaine célébrité au sort fâcheux des pièces qu'elle
s'acharnait à faire représenter sur un théâtre
que dirigeait son mari, s'en allait une fois de
plus subir la terrible épreuve d'une première
représentation, et sa petite fille, qui devait rester
au logis, lui souhaitait bonne chance : — Petite
mère, ajouta l'enfant de sa voix la plus câline,
j'ai entendu ce matin papa qui disait à un monsieur : « J'ai beau donner des billets chaque
fois qu'on joue une pièce de ma femme, il se
trouve toujours des nichées de merles plein la
salle ! » Puisque tu vas au théâtre, regarde dans
les nids, dis, petite mère, et si tu en vois un
blanc, ne manque pas de me l'apporter. Il y a si
longtemps qu'on me le promet.

LE MOINEAU FRANC

J'ai toujours soupçonné le moineau franc d'ê-
tre un abominable intrigant; aussi ne suis-je pas
le moins du monde surpris qu'il soit parvenu à
s'insinuer dans les bonnes grâces de mon camarade Le Reboullet et à surprendre à sa bienveillance un certificat de bonne vie et mœurs. Cet
oiseau brouillon, criard, tapageur jusqu'à l'agace-
ment de la galerie, vous désarme par ses allures
de bon enfant; exclusivement occupé, en apparence, de ses affaires de ménage, querelles,
prises de bec et tout ce qui s'ensuit, il amuse
par ses petits scandales de gouttière; narquois,
insolent jusqu'à l'audace, mais gardant une incontestable originalité dans ses tours les plus
pendables, on leur devient indulgent comme
aux facéties du gavroche parisien, avec lequel il
a, du reste, plus d'un point de ressemblance; et
puis, s'inspirant de ces personnages de la comédie politique que l'on appelle les mouches du
coche, il fait un tel tapage autour d'un mauvais

hanneton qu'il a cueilli dans son vol, que l'on
arrive à se demander si, chez lui, le vernis du
parasitisme ne dissimulerait pas un auxiliaire
vraiment et sérieusement utile.

Je comprends d'autant mieux que mon spirituel ami n'ait pas résisté à la captation, que moi-
même j'y ai cédé, sur la foi de ce racontar qui
nous montre les Américains et les Australiens
toujours prêts à payer un moineau vivant, cinq
ou six fois son poids d'or !

Si ce débouché existait, le gavroche sus-
nommé, le premier industriel du monde, s'il vous
plaît, n'eût-il pas déjà dépeuplé Pierropolis.....,
non, Paris, de ces hôtes turbulents au profit de
New-York et de Melbourne? Mais cette réflexion,
je ne la fis pas, et je croyais si bien au moineau,
que peut-être ai-je célébré les vertus par lesquelles il rachetait tant et tant de vices. Je m'empresse de faire amende honorable ; je déclare,
après plus ample informé, que je le tiens pour
un faux frère, indigne de figurer dans la catégorie des honnêtes oiseaux qui, tout en donnant
satisfaction à leur estomac nous rendent d'incontestables services.

A l'époque où j'étais sous le charme, étant
venu à Paris, je rendis visite à l'un de mes amis
qui possède une façon de petit parc sur les hau-

teurs de Montmartre. Le seul aspect de ce jardin
bouleversa toutes mes idées en fait d'ornementa-
tion horticole. Chaque fleur, à peu près, était
enveloppée d'un filet ; devant celles qui n'en
avaient pas, j'apercevais de minuscules traquenards ; nouveaux filets sur les espaliers, et à
chaque branche de chaque arbre, des banderolles
de papier, et assez de petits moulins en plumes
pour faire le bonheur de tous les babys d'un
arrondissement.

— Diable ! dis-je à mon ami, mais ce n'est pas
un jardin ça, c'est une exposition des industries
maritimes et fluviales !

— Après déjeuner, me répondit-il, vous serez
le premier à reconnaître que mes défenses ne sont
pas un luxe. En même temps il enlevait les filets
qui couvraient deux très-beaux pieds d'œillet.

En sortant de table, il me ramena dans le jardin et me conduisit sur le théâtre de l'expérience.
Une heure avait suffi pour que les pauvres plantes
fussent absolument déplumées ; il n'en restait
exactement que les grosses tiges et les racines.

Alors il m'ouvrit son cœur, il épancha ses infortunes dans le mien. Les moineaux étaient le
fléau de ce grand et beau jardin. Vainement il
avait essayé de les détruire ; grâce à l'état de four-
millement dans lequel ils existent dans la capi-

tale, de nouvelles légions de pillards succédaient toujours aux légions anéanties; pour un pierrot qu'il donnait à son chat, les toits, les murailles du voisinage lui en rendaient trois! Non-seulement ils coupaient, comme je l'avais vu, toutes les plantes en végétation, mais à la sortie de l'hiver, quand le bourgeon fructifère commençait à poindre, ils n'en laissaient pas un sur les vignes et sur les arbres. Cependant, et en dépit de tant de témoignages de la véracité de mon camarade, je tenais à mon siége.

— Je ne nie pas qu'ils ne vous causent quelques dégâts, lui dis-je, mais vous avez votre compensation dans les insectes dont ils vous délivrent.

Pour toute réponse, il me conduisit à un grand prunier, dont les feuilles des branches supérieures disparaissaient sous les chenilles qui les couvraient, puis il me jura que jamais il n'avait vu un moineau y venir chercher son déjeuner.

Cette révélation m'avait mis martel en tête, je revins dans mon ermitage avec l'idée fixe de m'assurer de la réalité des appétits insectivores de ce passereau. La cuisinière en avait précisément élevé un; je me rendis au jardin, je choisis dans le plant de choux douze belles chenilles vertes, grasses, succulentes, appétissantes au possible; je les déposai sur une feuille, je mis la

feuille dans une boîte et je plaçai le tout dans la
cage. Deux heures après, quand je procédai à
l'inventaire, au lieu de douze chenilles, j'en
trouvai quatorze! Hâtons-nous de nous expliquer
pour qu'on ne nous accuse pas de pousser la
rancune jusqu'à accuser le moineau de favoriser
la propagation de ces insectes; pour charmer les
loisirs de sa captivité, le prisonnier avait coupé
trois de ces chenilles d'un coup de bec et en avait
fait deux tronçons, une seule manquait à l'appel, qu'il avait donc mangée sans que cette première bouchée lui inspirât du goût pour le reste.

Cette première épreuve n'était pas concluante
à mon gré; nourri comme un prébendaire, ce
favori d'une vieille fille pouvait avoir des délicatesses inconnues chez les moineaux de la franche
lippée. J'avais remarqué, en procédant à ma
cueillette, que les choux étaient infestés des chenilles vertes que je cherchais; il y avait à côté
d'eux un carré de pois ridés de knight, qui tou-
chaient à leur maturité; le jardinier en était
très-curieux; comme, à raison des doctrines dont
j'étais imbu, j'avais laissé la population pierro-
tière prendre un accroissement déplorable, il
avait confectionné un magnifique mannequin
qui se dressait au-dessus de ses rames et avait
pour mission d'en écarter les déprédateurs. Je

jetai l'épouvantail dans un coin, puis pendant trois jours j'observai ce qui allait se passer. Quand les moineaux, qui avaient commencé par donner aux pois avec un délirant enthousiasme, commencèrent à les déserter, il me fut facile de découvrir les causes de leur tardive sobriété ; le stock disponible des graines du carré était absolument épuisé.

Pour ce qui fut des choux et de leurs chenilles, avant, pendant, après l'invasion de la plate-bande voisine, les oiseaux me semblèrent décidés à attendre que ces crucifères fussent montés en graine pour s'apercevoir de leur existence. Bon gré, malgré, il me fallut en conclure que le moineau est insectivore, comme certaines gens sont honnêtes, quand il ne peut pas faire autrement.

Il est rare qu'il n'y ait pas un profit à tirer d'une déception désagréable : vous avez vu que le pierrot manifestait pour les œillets une prédilection toute particulière ; ces préférences, je ne les ai pas retrouvées moins caractérisées chez le lapin qui, s'il s'introduit dans un jardin, délaisse les végétaux réputés les plus séduisants pour son espèce et s'acharne sur l'aimable fleur. Je signale le fait aux chercheurs de nouveautés gastronomiques ; qui sait si nous ne lui devrons pas la découverte de quelque salade transcendante ?

LE SERIN

Nous aurons désormais quelque chose de moins à envier à nos voisins les Belges, — tous les journaux l'ont constaté, — nous possédons aujourd'hui, comme eux, une Société serinophile. Nous avons, il est vrai, mis du temps pour céder à la contagion du bon exemple, et les Bruxellois peuvent encore se flatter de nous avoir longtemps distancés. Il date probablement de beaucoup plus loin, mais c'est en 1857 que je constatais chez eux l'existence d'un club des canaris.

Une circonstance étrangère à la serinomanie a gravé cette date dans ma mémoire. Mon introducteur dans le sanctuaire du colifichet fut un membre de la Constituante, maintenant député, M. M. de M..., homme excellent, en dépit des dehors farouches que lui prêtent une barbe et des opinions à tous crins. Loin de concentrer ses prédilections sur les cardinaux, aras, bouvreuils et autres volatiles à ses couleurs, il avait fait son

idéal de l'oiseau jonquille, et je doute que la
Société comptât dans ses rangs un membre plus
assidu à ses séances que ne l'était celui-là.

Les murailles de l'établissement disparaissaient sous les cages symétriquement appendues
et dont chacune contenait son pensionnaire. Aux
barreaux, à côté du mouron traditionnel, on
voyait un carré de papier sur lequel se lisaient
un chiffre, un nom, une adresse. Mon guide
m'expliqua que les oiseaux exposés devaient rester pendant trois semaines aux enchères ; le chiffre était celui du prix obtenu avec la signature
du plus offrant. Après cette explication préalable, il me conduisit au centre de la salle et, sans
mot dire, il me désigna du doigt dans une cage,
un canari blanchâtre que je n'aurais peut-être
pas trop distingué des autres, si la pancarte ne
m'avait appris que ce phénix des serins avait
trouvé marchand à 1,500 francs ! J'en restai abasourdi.

Mon conducteur profita de ma stupeur pour
entamer le panégyrique de cette merveille ; il ne
me fit pas grâce d'une de ses perfections, ni du
développement de son corsage, ni de la largeur
de ses épaules, ni de la longueur de ses cuis-
ses, etc., etc. Enfin, ne parvenant pas à m'électri-
ser à son gré : — Vous ne le trouvez donc pas

splendide ? s'écria-t-il. — Oh ! si fait, lui répondis-je ; cependant il me plairait encore davantage s'il était un peu plus jaune !

Je crains beaucoup que mon ami ne retrouve jamais, au profit de ses luttes politiques, l'équivalent du regard écrasant sous lequel il me foudroya.

Bien que je ne me croie pas destiné à aller aussi loin que lui dans l'enthousiasme, j'ai beaucoup perdu de l'indifférence serinophile dont je me piquais dans ce temps-là. Il en est du serin comme de certaines modes que l'on déclare grotesques tant qu'on ne les a pas subies ; un beau jour, sans y penser, on les adopte et on s'aperçoit qu'elles ont du bon. Certes, ce passereau ne disputera pas au cheval son titre de la plus noble conquête de l'homme ; elle est de toutes la plus humble, mais elle n'en a pas moins sa valeur. Il a dignement répondu aux soins que nous avons pris de sa domestication. Sans doute c'est un parasite, mais un parasite aimable, et il n'en manque pas dont on ne saurait en dire autant.

Musicien agréable, il jette un rayon d'or et une chansonnette dans la mansarde et dans l'atelier. Commensal reconnaissant, il se familiarise bien vite avec la main qui le nourrit, la distingue entre toutes les autres, lui livre sans restriction les charmants mystères de son petit ménage, et souffre que le maître ou la maîtresse s'associe à l'éducation de sa postérité. Et puis, bien que l'importation du serin soit de date relativement récente, — règne de Henri III, — il a si complétement abdiqué les instincts d'indépendance de l'oiseau, qu'il est le seul pour lequel on ne regrette pas cet effroyable régime de la prison.

Sans faire de sensiblerie à froid, je ferai encore passer avant ces divers agréments ce qui est à mes yeux le grand mérite de cet oisillon, celui d'être à la fois une récréation pour l'enfant, une consolation pour la vieillesse ; récréation saine, puisqu'elle habitue le bambin à s'attacher à quelque chose ; consolation précieuse, puisqu'elle donne un être à aimer au vieillard dont tout se détache. Il ouvre, il ferme le livre de la tendresse. On se moque volontiers de ce penchant chez les vieux ; on ne réfléchit pas que bien souvent oiseau, chien, chat ne sont là que pour combler un vide, que pour donner à ce cœur humain, que la fièvre de l'affection fera palpiter jusqu'à ce qu'il ait cessé de battre, un aliment que les hommes ne sauraient ou ne daigneraient plus lui fournir.

Je vis un jour, sous une porte cochère, une

bonne femme qu'entourait un cercle de ba-
dauds. Elle était assise par terre contre la muraille, elle avait sur ses genoux le corps pantelant
d'un chat et elle sanglotait. On me raconta le
drame. Le matou était tombé du troisième étage,
sain et sauf, paraît-il, mais un peu étourdi de la
culbute ; un mauvais gamin en avait profité pour
le saisir et le jeter sous les roues d'une voiture
qui passait. La bonne femme pleurait toujours ;
des assistants, les uns riaient, les autres es-
sayaient de la consoler ; enfin, levant vers une
de ces âmes charitables sa figure ridée, toute
ruisselante :

— Je sais bien que ce n'était qu'un chat, dit-
elle, mais c'était ma petite-fille qui l'avait élevé ;
elle est morte aussi ; à qui pourrai-je désormais
parler d'elle ?

LA VACHE

Henri IV eût voulu que chacun de ses sujets eût une poule à mettre dans son pot le dimanche. Il y a lieu de s'étonner qu'avec son admirable bon sens et sa pratique de la vie rustique, il n'ait pas plutôt souhaité de voir une vache dans l'étable de chacun d'eux ; cela ne lui coûtait guère davantage et le résultat devenait autrement sérieux.

Cinquante-deux poules sont d'un dispendieux entretien. Sûr d'avoir d'excellents bouillons, le villageois n'eût peut-être plus trouvé dans sa huche une croûte pour donner un peu de corps à son potage. Avec l'amendement que nous proposons au vœu royal, il n'y a plus de bombance dominicale, il est vrai, mais la certitude de dîner, vaille que vaille, sept jours de la semaine vaut bien le sacrifice d'un festin hebdomadaire.

La vache est le génie cornu mais bienfaisant de la chaumière ; le jour où elle en franchit le

seuil, la misère s'en va par la fenêtre ; quand il
l'a attachée à la crèche, le paysan a installé le
bien-être et l'aisance dans son pauvre foyer.
Nourrie à peu de frais, en été, de l'herbe des
sarclages, du pâturage dans les communaux et
sur les bords des chemins ; en hiver de regain,
de quelques bottes de luzerne, soignée exclusivement par la femme, elle donne, en échange, le
lait, le beurre, le fromage ; par la vente de son
veau, l'aubaine d'une somme considérable, et
enfin des fumiers, un appoint qui n'est pas à dédaigner.

Quoique l'intervention royale lui ait manqué,
notre vœu est en train de s'accomplir. Et chaque
jour, dans nos villages du centre, nous voyons
un paysan de plus atteindre à ce but de toutes
les ambitions champêtres, la possession d'une
vache.

DE L'INSTINCT ET DE L'INTELLIGENCE

CHEZ LE CHIEN

Il y a une si énorme différence entre les attributions intellectuelles chez l'homme et chez les animaux que personne ne peut songer à les comparer ; l'un invente, les autres sont incapables de créer ; cependant la nature leur réserve une certaine faculté de calculs, ce que Locke a défini : la connaissance de quelque raison, une liaison dans les perceptions que des sensations seules ne sauraient donner, c'est-à-dire précisément, ce que certains savants leur refusent.

Je lisais l'autre jour dans un journal scientifique, un assez long factum dans lequel l'auteur dénie nettement aux animaux la moindre lueur d'intelligence. Toutes les fois que j'entends médire des bêtes, je résiste difficilement à la tentation de demander la parole pour un fait personnel ; en même temps cet écrivain M. le docteur Fournié ayant convié tout le monde à apporter son argument favorable ou contraire à sa thèse, je me crois autorisé à lâcher la bride à ma sus-

ceptibilité, et je vais hardiment débarquer mon
contingent d'observations et d'anecdotes.

La doctrine à laquelle j'essaye de répondre
est tellement absolue, qu'il suffirait de démontrer que les animaux sont capables d'un acte
réfléchi quelconque, pour y faire brèche ; mais
ce sera dans une opération intellectuelle d'ordre
supérieur que je choisirai mes exemples, dans
la comparaison, produit d'un effort de réflexion
assez laborieux, résultante de l'évocation si-
multanée de deux idées tantôt parallèles, tantôt
divergentes et d'un calcul entre leurs bénéfices
et leurs inconvénients, acte d'intelligence s'il
en fut jamais.

Ce n'est pas seulement le chien qui compare,
mais un certain nombre d'animaux sauvages. Un
corbeau s'enfuit à tire-d'ailes d'aussi loin qu'il
aperçoit un homme portant un fusil ; que celui-
ci dissimule son arme, qu'il rampe à la façon
des Sioux, ce ne sera jamais que par accident
qu'il arrivera à portée de l'oiseau. Si, au contraire, le promeneur tient un bâton à la main, il
aura beau se livrer aux manœuvres de la charge
en douze temps, coucher en joue ce même corbeau de tout à l'heure, avec sa canne, ce dernier
répondra peut-être par le plus narquois de tous
ses couacs, à cette plaisanterie de mauvais goût,

mais tant que le personnage n'aura pas dépassé un rayon d'une vingtaine de mètres, il ne reculera pas d'une semelle.

Allez-vous admettre, avec les bonnes gens, que les corbeaux sentent la poudre, qui ne sent rien ? Appellerez-vous cela une manifestation de l'instinct ? Probablement, mais bien d'autres à la queue desquels je m'aligne, prétendront que, lorsque un oiseau aussi méfiant en arrive à ce degré d'indifférence, il a dû préalablement se souvenir et comparer ; un effort de sa mémoire lui a permis d'établir un parallèle entre un objet que peut-être il n'aura vu qu'une fois depuis qu'il existe, mais qu'il sait être particulièrement désagréable aux corbeaux, et cet autre objet de forme à peu près identique, avec lequel vous le menacez, mais qui n'est qu'un vain simulacre du premier.

Je n'en aurais pas fini avec le corbeau, je n'ai rien dit de la pie, du sansonnet, de quelques autres oiseaux qui vivent dans un état de demi-parasitisme autour de l'homme ; j'aurais à établir à leur actif plus d'un acte d'intelligence, relative bien entendu, mais cependant caractéristique ; mais j'ai hâte de revenir au sujet ordinaire des observations sur lesquelles l'écrivain établit sa doctrine au chien.

Je suis amené à supposer que cet observateur a expérimenté *in animâ vili*, sur des chiens intellectuellement disgraciés ; l'esprit a ses degrés chez eux aussi bien que chez les hommes, croyez-le bien.

Celui dont il parle ne distinguait que par la sensation, un vase clos, d'une écuelle ouverte à la franche lippée ; nous en savons de plus malins. J'ai là à mes pieds un griffon qui, je le déclare, si peu que le contenu de l'assiette et de la bouteille fût susceptible de faire ventre, ne perdrait pas une seconde en vaines réflexions et irait droit à la première, quitte à renverser ensuite la seconde si faire se pouvait.

Ce griffon fait un peu mieux, et je ne le pose point en phénomène, tous les chasseurs en ont autant à vous raconter. A la campagne il apprécie aussi judicieusement que moi-même la différence qui existe entre mes diverses chaussures. S'il voit apparaître certains souliers jaunâtres, immédiatement il devient folâtre ; il les salue d'un long bâillement, qui se termine par un aboi de bonne compagnie, *mezzo-voce*, il se détire, frétille de la queue, secoue ses oreilles, va, vient de la porte à la cheminée, de la cheminée à la porte en me disant clairement dans sa pantomime :

« Mais dépêche-toi donc, maudit lambin, puisque nous allons à la chasse ; les minutes de plaisir sont des diamants qu'il ne faut jamais gaspiller !

Si, au contraire, ce sont des bottines un peu luisantes que l'on m'apporte, à peine s'il daignera les honorer d'un regard, il ne bougera pas de son tapis de peau de sanglier, il prendra une mine grave, boudeuse, renfrognée ; s'il avait des larmes à son service, comme l'enfant que l'on laisse au logis, il en userait pour m'attendrir.

Quand nous sommes à Paris, la cordonnerie lui fournit toujours le thermomètre de ses satisfactions ; mais ses prédilections changent d'objet, ce sont les pantoufles qui ont le privilége de le mettre en liesse, parce que nous avons l'habitude aussitôt levés, lui et moi, d'aller faire une promenade dans les rues désertes de nos environs.

Je suis amené à confesser une faiblesse que mes confrères en saint Hubert ne me reprocheront pas trop amèrement, je l'espère, celle d'avoir toujours admis à l'intimité la plus large, la plus sans façon, le représentant de la race canine que j'avais pour collaborateur.

La promiscuité qui en résulte a ses inconvénients, je le sais ; elle a aussi ses avantages ; ce n'est guère que dans ce rapprochement de tous les instants que le chien fournit toute la mesure de l'intelligence dont il est susceptible aussi bien que les aimables qualités dont il est doué. Il n'y a pas moins de dix ans que le griffon en question est en possession de son tapis. Si le maître sort rarement, en revanche le domestique est souvent dehors et le chien l'accompagne. La remise de quelque argent destiné aux commissions sert toujours de préambule à ces sortes de promenades ; le taciturne observateur l'a si bien retenu, qu'aujourd'hui, aussitôt qu'il entend dreliner de la monnaie, il prend sa canne et son chapeau, c'est-à-dire se secoue de la tête à la queue, se préparant visiblement à la sortie qui ne saurait plus tarder.

N'est-ce pas bien là la liaison dans les perceptions que des sensations ne sauraient donner, dont parle Locke ?

Maintenant, voici un fait observé chez le chien, fait bien autrement concluant en faveur d'un certain raisonnement, dont je garantis l'authenticité et que confirmeraient au besoin plus d'un témoignage. En 1867, à la Varenne-Saint-Hilaire, où j'habitais, je trouvai devant ma porte un basset, qui avait au col un reste de corde : on le chassa, il revint avec tant d'acharnement, que, bon gré mal gré, il fallut lui donner l'hospitalité. Par exception, je n'eus pas à le regretter. Le basset était

vieux, singulièrement hargneux, prodigue de
coups de dents, mais il possédait des qualités de
chasseur qui rachetaient un peu les petites imperfections de son caractère. Une originalité que
j'avais rarement observée chez un chien courant
lui valut ma conquête : comme s'il eût compris
que j'étais le seul auquel il eût à payer une dette
de reconnaissance, le basset ne consentit jamais
à aboyer sur un lapin au bénéfice d'un autre
que de celui qu'il connaissait depuis deux mois
à peine.

Un jour, un ami vint en mon absence demander le chien et l'emmena en chemin de fer, à
deux lieues au-dessus de Meaux, dans des bois
où il le découpla. Selon ses petites habitudes,
Finaud, quand il se vit libre, regarda dédaigneusement son collaborateur d'occasion, leva un instant la cuisse et disparut. Le lendemain, vers
trois heures, moi je le voyais arriver, crotté par-
dessus l'échine, mais prodigieusement satisfait.

De cette quarantaine de kilomètres franchis
en pays inconnu, de la traversée de ce dédale
des rues de Paris, je ne parle que pour mémoire,
c'est l'acte d'un instinct admirable, cependant
de pur instinct. Mais veuillez le remarquer comme
je le fis alors. si cet animal si bien doué sous ce
rapport, n'était pas depuis longtemps retourné à

la maison de son premier maître, c'était uniquement parce qu'il ne l'avait pas voulu, parce qu'il y était maltraité peut-être, et que, comme vous et moi eussions fait en semblable circonstance, c'est-à-dire après réflexion et comparaison, il s'était décidé à donner la préférence au logis où on lui témoignait un peu plus d'indulgence; et je supposai un drame dans son passé.

Je ne m'étais pas trompé. L'aventure de Finaud et les bizarreries de son caractère avaient fait du bruit dans les environs ; son ancien maître vint chez moi et me raconta son histoire. Il habitait Sucy ; décidé à se débarrasser de ce basset devenu désagréable et méchant, il l'avait un soir amené sur les bords de la Marne, dans les environs de Créteil, et l'avait jeté à l'eau avec une pierre au col. Cette pierre, en se détachant, avait permis au malheureux animal d'échapper à la mort ; mais il avait si bien conscience de l'attentat dont il venait d'être l'objet, qu'il n'essaya pas de retrouver la trace de son maître et qu'il préféra errer à l'aventure ; il lui en conservait une telle rancune, qu'il ne cessait pas de gronder depuis que son bourreau était là et que, celui-ci ayant essayé de le caresser, il le mordit.

Si, comme le prétend l'auteur de l'article, il n'y avait pas une lueur d'intelligence dans la cervelle du pauvre Finaud, je renonce à en posséder un grain dans la mienne.

Lorsque Descartes eut promulgué son arrêt sur l'automatisme des bêtes, un de ses adversaires, le P. Beugeant, entreprit de le réfuter en démontrant dans un gros livre que ces bêtes étaient des diables, ce qui indiquait qu'à l'envers du grand philosophe, il ne trouvait pas que ce fût l'esprit qui leur manquait. Depuis que cette question est sortie du domaine de la pure métaphysique, pour entrer dans celui des études et des observations expérimentales, la doctrine cartésienne avait considérablement perdu de sa renommée. G. Leroy, Réaumur, Cuvier, l'avaient tour à tour battue en brèche et l'admirable travail synthétique de Flourens lui avait porté un rude coup.

En dépit du proverbe : « On n'est calomnié que par les siens, » remarquez que les contempteurs de l'esprit des bêtes, ne se rencontrent jamais parmi les gens qui, vivant au milieu d'elles et dans leur intimité, les étudient à chaque heure de la journée et dans tous les actes de leur existence.

Avancez que le chien est un simple imbécile devant ce que vous voudrez de veneurs, de chasseurs, de bergers, de bouviers, etc., etc., il ne s'en trouvera pas un seul qui ne hausse les épaules,

et les plus francs vous exprimeront immédiatement la part qu'ils prennent à l'accident qui vous
arrive. Cette négation de l'intelligence animale
appartient généralement à ceux qui ont été le
moins à même de l'apprécier. A défaut des mé-
taphysiciens, braves philosophes. planant trop
haut pour bien juger de ce qui se passe si bas,
vous ne retrouvez guère ces conclusions que dans
cette catégorie de savants qui physiologisent le
scalpel à la main et dont les relations avec les bêtes
commencent et finissent dans le laboratoire où
le sujet de leurs études a été déposé dûment
muselé et ficelé comme un mouton d'abattoir.

Si nous croyons que la doctrine qui entend
réduire le chien à ses instincts ne peut soutenir
l'examen, nous n'approuvons pas davantage les
incroyables exagérations auxquelles son intelligence a servi de prétexte. On a fort souvent re-
proché à Alexandre Dumas père d'avoir faussé
l'histoire en y introduisant le roman : l'histoire
naturelle a bien autrement à se plaindre de la
littérature moderne. Ce ne sont pas seulement
quelques fables romanesques plus ou moins ingénieuses dont un animal devient le héros, qui
ont eu ces conséquences ; l'anecdote, le fait divers, ont versé, à leur tour, sur cette pente du
merveilleux, et, en raison de l'immense publicité

qu'ils trouvent dans la presse, ils accréditent les
invraisemblances. Les récits fantaisistes que pro-
pagent quelques écrivains en quête de copie, ont
distancé de fort loin ce chien étonnant, lequel
ayant à rapporter un charbon incandescent que
lui avait jeté son maître, commença par l'é-
teindre avec la pompe que lui fournissait la
nature !

Le chien a, incontestablement, une certaine
dose d'intelligence, il raisonne, mais seulement
sur des idées particulières, et selon que ses sens
les lui présentent ; il compare, mais par rapport
à quelque circonstance sensible atttachée aux
objets eux-mêmes, il est incapable de former
une abstraction, et de déduire un raisonnement
complexe de ces perceptions comme de ses sensations.

J'ai eu un chien tellement frileux, qu'il choi-
sissait très-souvent, pour niche, un espace qui
avait été ménagé sous le foyer de la cheminée de
la cuisine, il s'enfournait bravement là-dessous,
et je n'ai jamais pu comprendre comment, une
fois au moins, il n'en était pas sorti absolument
cuit. Lorsque le feu n'était pas allumé, sa mauvaise humeur était visible, et il en multipliait
les témoignages. Une vocation aussi déterminée
m'inspira l'idée d'essayer si son intelligence irait

jusqu'à se donner à lui-même ce qu'il prisait par-dessus tout.

Un joli petit bûcher de fagots fut arrangé dans la cheminée, on le couvrit de copeaux, on plaça par devant une petite lampe allumée et le chien fut enfermé dans la cuisine avec ces éléments de la plus joyeuse des flambées.

Bien que le froid fut très-vif, il ne l'inspira pas le moins du monde ; assis sur sa queue, devant ce pseudo-brasier, grognant, rognonant, évidemment étonné et contrarié du peu de calorique qu'il récoltait, il ne comprit jamais qu'en touchant les copeaux du bout de sa patte, ceux-ci tomberaient sur le lumignon et provoqueraient l'incendie. Cette expérience, je l'ai renouvelée trois ou quatre fois sans plus de succès.

Je vous parlais tout à l'heure des inconvénients qui résultent de la présence d'un chien dans un appartement. Ce n'est pas qu'il soit difficile d'amener le quadrupède à la pratique de la propreté la plus stricte, mais si l'on arrive aisément à leur en inculquer le fanatisme, les pauvres animaux n'en restent pas moins les esclaves de leur estomac, et il est telle nuit où force leur est bien de réveiller le maître. Le moyen le plus rationnel pour y parvenir, serait de secouer le dormeur ou tout au moins de tirer les draps, la

couverture dont il s'enveloppe ; mais ce moyen
est encore complexe, et sans rien jurer, je ne
pense pas que l'intelligence du chien soit susceptible de se l'approprier. En pareil cas, mon camarade de chambre s'est toujours borné à se
plaindre, à gémir, sans même aller jusqu'à l'a-
boi, en sorte que je ne sais pas même s'il se
rendait un compte bien exact de l'engourdisse-
ment dans lequel j'étais plongé.

En résumé, ne souffrons pas qu'on rapetisse
notre bon et brave compagnon, mais gardons-
nous aussi de lui prêter des facultés idéales ; la
réalité de cette admirable création doit nous
suffire.

LE CHEVAL DE LABOUR

Si l'on en excepte les attelages de nos grandes exploitations et les poulinières des pays producteurs, le cheval de labour français répond assez mal à la majestueuse peinture qui est sortie de la plume de M. de Buffon.

Il est assez difficile de reconnaître la plus noble conquête de l'homme dans le pauvre animal décharné, ventru, à la tête massive, aux reins fléchis, aux pieds pattus, au poil hérissé, à l'œil morne, à la physionomie hébétée, qui traîne les neuf dixièmes de nos charrettes et de nos charrues.

Ce qu'il y a de plus triste à constater, c'est que ce piteux état de notre cavalerie agricole n'est pas uniquement la conséquence de l'abâtardissement de nos races : mieux nourris, soumis à d'autres conditions d'hygiène et de pansage, ces mêmes animaux ne deviendraient certainement pas des Bucéphale ou des Gladiateur, mais ils recouvreraient le caractère typique de leur espèce, chez eux si complétement oblitéré ; cette lamentable décadence tient uniquement à l'excès

du travail auquel on les soumet, à la brutalité
avec laquelle on les traite, à la parcimonie avec
laquelle on leur mesure l'aliment réparateur,
l'avoine, à l'insouciance que l'on affecte pour
leur hygiène, en un mot à la caractéristique indifférence du laboureur pour le compagnon de
ses travaux, indifférence chez nous si générale
qu'elle prend les proportions d'un vice national.

Pour le paysan, le cheval est toujours ce qu'il
était il y a cinquante ans, un outil, solide, ro-
buste, dont il doit peu s'inquiéter, parce que
son usure n'est jamais flagrante, et qui ne réclame pas plus de ménagements qu'il n'en aura
pour lui-même.

Parlez-lui de l'étriller convenablement, as-
surez-lui qu'un bon pansage vaut un supplément de ration, il haussera les épaules ; ajoutez
qu'en regardant moins à l'avoine il en obtien-
dra de meilleurs services, il vous rira au nez ;
engagez-le à ne pas le surmener, il vous répondra avec sa gouaillerie vantarde : Bah ! la
mère aux chevaux n'est pas morte ! Parlez-lui
d'aérer, de nettoyer plus souvent l'antre obscur
et fétide qu'il appelle son écurie et qui réunit si
bien toutes les conditions favorables à la propagation des maladies contagieuses, il vous regar-
dera de travers, il supposera que le percepteur

vous a offert une remise sur l'impôt des portes et fenêtres. Je faisais remarquer à un cultivateur que les longs poils qu'il laissait aux paturons de son cheval, toujours imprégnés de boue, entretenaient dans cette partie du pied une humidité qui devait tôt ou tard y engendrer des crevasses ; je l'engageais à les couper : « Il ne me manquerait plus que cela, me dit-il avec un sourire narquois, il ne me resterait pas le temps de me faire la barbe ! »

Nous sommes loin, vous le voyez, des attentions, de la sollicitude dont, dans les mêmes chaumières, la vache se voit l'objet ! Cette différence de traitement tient à des causes plus positives encore que l'indifférence hippique que nous avons signalée chez nos compatriotes. Les produits de la vache sont immédiats et permanents ; leur rapport avec les soins, la quantité et la qualité de la nourriture, est trop flagrant pour ne pas frapper les intelligences les plus obtuses ; les bénéfices que l'on tire du cheval ne viennent au contraire qu'à longue échéance ; qu'il soit un peu plus, un peu moins maigrement nourri, que son habitation soit plus ou moins sordide, la somme de son travail restera là même en apparence. Pourquoi se gênerait-on ?

6

La femme est accessible à un vague sentiment de gratitude pour l'animal qui la nourrit; plus âpre et mieux avisée aussi dans le souci de ses intérêts. Si grossiers que soient ses instincts, elle garde de son sexe un vague sentiment de délicatesse qui se traduit par la propreté de tout ce qui rentre dans son domaine ; l'homme au contraire n'a point de ces petites préoccupations pour le bien-être des animaux qui le servent ; il se glorifie de sa brutalité, cette vaine parade de la force, et il n'a point pour l'affirmer d'autre victime que le cheval.

Y a-t-il un remède à ces déplorables dispositions de nos populations agricoles pour le plus utile de leurs auxiliaires ? Je le crois, mais il n'est pas, à coup sûr, dans les jeux d'hippodrome qui procurent, il est vrai, un agréable divertissement aux habitants des villes, mais auxquels les gens des campagnes, les seuls auxquels les chevaux aient affaire, restent absolument étrangers ; les institutions hippiques, haras, concours, primes, etc., ne produisent pas de meilleurs résultats en dehors des contrées où l'élevage est une industrie.

Pour le paysan, ce cheval qu'on lui montre dans les unes ou les autres de ces exhibitions, est une bête spéciale qu'il est toujours tenté de qualifier de monsieur et qu'il ne confondra jamais avec l'animal qu'il attèle à sa charrue. L'incurie avec laquelle il croit pouvoir traiter ce dernier, est un préjugé que ces démonstrations de parade ne parviendront jamais à réduire et dont on n'aura raison que lorsqu'on l'aura attaqué dans l'enfance.

On y parviendrait en affectant des tendances un peu plus professionnelles dans l'éducation des petits garçons de nos villages ; qu'ils apprennent à lire, à écrire, à compter, mais que parallèlement on leur donne les notions de ce qu'il leur importe par-dessus tout de savoir : avec les principes de la science agricole, les éléments de l'hygiène hippique, qu'on leur enseigne que, malgré les apparences de solidité de sa construction, le cheval est un animal délicat qui réclame des soins constants et assidus ; qu'il ne conserve sa vigueur, qu'il ne fournit la mesure réelle de ses forces que dans certaines conditions déterminées de logement, de nourriture et de pansage ; qu'on leur prouve qu'en raison du prix élevé auquel sont arrivés ces animaux aujourd'hui, il y a, pour leur possesseur, intérêt évident à prolonger la durée de leurs services ; qu'on leur démontre, ce qui est facile, que les bons maîtres font les bons chevaux. Ces leçons à la jeunesse

finiront par battre en brèche les traditions rou-
tinières des anciens, et le jour où cette jeunesse
les fera passer dans la pratique, la régénération
chevaline aura avancé de la plus large enjambée
qu'elle ait fait depuis le commencement du
siècle.

LE COCHON

M. de Buffon a été bien sévère pour le cochon ;
peut-être lui eût-il moins injurieusement repro-
ché sa dégradation, s'il eût pris la peine de se
souvenir que cette dégradation était notre œuvre. L'écrivain naturaliste est poëte, mais il n'est
poëte que dans la forme spéciale à laquelle le
prédispose son génie, l'épopée. Avant d'admirer,
il mesure, il toise, il compte ; il faut que son
sujet produise les preuves de seize quartiers
pleins pour qu'il se décide à aligner à son profit
ses phrases superbes et ses périodes majes-
tueuses. Quant à la vile multitude, à la plèbe
du monde des bêtes ! il parle d'eux d'une plume
si dédaigneuse, que l'on est tenté de croire qu'il
ajoutait une paire de gants à ses manchettes,
afin de ne pas se commettre de trop près avec
de semblables espèces.

Oui, *la* dégradation du cochon est notre œuvre ; la vivacité, l'énergie, l'indomptable courage,
la finesse de l'ouïe, la délicatesse de l'odorat,
caractérisent le type primitif ou similaire de sa
race, que nous avons encore sous les yeux dans

le sanglier. En l'isolant, nous avons détruit l'instinct social si fortement accusé dans son espèce. Nous l'avons rendu, mou, lâche, paresseux en le parquant dans une étable, la plupart du temps trop étroite, en le laissant croupir sur un fumier infect ; en revanche, nous avons soigneusement cultivé et encouragé son vice dominant, la gloutonnerie, de manière à ce qu'elle finît par atrophier ses facultés naturelles.

Tout dans son avilissement est de notre fait ; de mieux doués n'eussent pas résisté à l'épreuve, et nous avons d'autant moins le droit de lui reprocher la grossièreté de ses habitudes, sa voracité, sa goinfrerie, que nous en tirons un large profit ; que, grâce à tout cela, les rebuts, les déchets de la cuisine, du jardin, de la laiterie, les immondices mêmes, se trouvent transformés en une viande saine et succulente. Le cochon est le bœuf du prolétaire, et à ce titre seul il a droit à notre considération. Si le principe moderne qui affirme la supériorité de l'utile sur le beau était pris à la lettre, le compagnon de saint Antoine occuperait un des rangs les plus élevés dans la hiérarchie des animaux.

Sans aller aussi loin, nous sommes fondés à prétendre que l'existence que nous lui avons imposée lui crée des titres à notre sympathique commisération. Tous les animaux que nous avons domestiqués restent des êtres ; l'intérêt nous commande de les traiter en amis, de leur donner leur place, leur numéro d'ordre dans la famille, de songer à les faire vivre avant de penser à les faire mourir : la poule, pour qu'elle nous fournisse des œufs ; le mouton, parce que nous avons besoin de sa toison ; le bœuf, parce qu'il est nécessaire à nos labours. Celui-ci a encore la chance de naître vache et de vivre de longues années, nourrice aimée et choyée de tout le petit peuple.

Pour le cochon, point de semblables éventualités, point de ces compensations à l'uniformité du dénouement suprême. Si son maître s'intéresse à lui tant qu'il existe, c'est uniquement afin de s'assurer si le moment de sa mort est plus proche. Il est à peine né qu'on y songe. Grands et petits, nul n'a pour lui une caresse, un sourire. C'est une machine à faire du lard et c'est tout. Qu'il en fasse beaucoup et qu'il le fasse vite voilà tout ce qu'on attend de lui. Si les vieux lui palpent l'échine, c'est avec un clignement de l'œil qui glacerait dans les os la moelle du pauvre diable s'il avait conscience de sa terrible signification ; lorsque les enfants considèrent avec leurs grands yeux ébahis cette majestueuse be-

daine qui s'épate dans la fange, on les voit se
pourlécher avec convoitise ; dans ce grouillement
de chair animée, leur jeune imagination a déjà
entrevu l'appétissant carré de lard qui servira de
couronnement à une pyramide de choux verts!

Nous finirons par une anecdote qui donnera à
nos lecteurs une idée de l'estime dans laquelle
les véritables agronomes tiennent notre sanglier
domestique.

Un de nos grands hommes de guerre, auquel
les préoccupations de la gloire ne firent jamais
oublier les bienfaits de la paix, le maréchal Bugeaud, revenait d'Algérie et s'en allait dans
son cher Périgord. Il s'arrêta à Perpignan, où il
fut reçu par M. de Castellane, alors général de
division et déjà célèbre par son culte pour la réglementation et ses boutades disciplinaires ; celui-
ci lui proposa immédiatement de lui donner
le lendemain le spectacle d'une petite guerre.
Affirmer que la proposition enthousiasma un
homme qui, peut-être, arrivait d'Isly en droite
ligne, nous ne l'oserions en vérité ; mais le maréchal ne voulut pas sans doute refuser à un
descendant de l'oncle Toby la satisfaction d'a-
voir enfourché le dada héréditaire devant un
connaisseur.

Nous n'assurerons pas davantage qu'il prit à

ce divertissement un plaisir extrême ; ce qui est certain, c'est qu'il fit bonne contenance et qu'il trouva toujours un sourire approbateur pour répondre au général qui lui exposait les savantes combinaisons par lesquelles il entendait repousser l'ennemi.

Cependant, au plus fort de l'action, M. de Castellane s'étant éloigné pour présider au changement de front de l'une de ses brigades, ne trouva plus, quand il revint, le maréchal à l'endroit où il l'avait laissé. Cette disparition momentanée avait trop de prétextes pour qu'on y fît attention ; mais, après un quart d'heure, une certaine impatience s'empara du général, qui envoya ses aides de camp dans toutes les directions et se lança lui-même à la recherche de l'illustre déserteur.

Au moment où il franchissait un chemin creux, il aperçut le vainqueur d'Isly dans une occupation si étrange que, n'eussent été le grand uniforme et le képi traditionnel, il eût hésité à le reconnaître. Le maréchal Bugeaud était assis sur le revers de ce chemin, côte à côte avec un rustre coiffé d'un madras que surmontait un chapeau crasseux, et qui tenait un fouet à la main. Autour d'eux grognait, geignait, grouillait, picorait un troupeau de cochons dont les façons tout

à fait familières paraissaient être aussi agréables
au héros africain que la conversation de leur
conducteur déguenillé. Le général poussa son
cheval à travers la bande au risque d'y faire des
éclopés.

— Que faites-vous donc, monsieur le maréchal,
s'écria-t-il, l'ennemi est en pleine retraite ; je vous
attends pour changer sa défaite en déroute.

Le bon maréchal secoua sa tête chenue.

— Pardonnez-moi de vous avoir oublié, mon
cher Castellane, répondit-il, mon excuse est
dans l'aimable compagnie dans laquelle vous me
trouvez. Tenez, ajouta-t-il en empoignant un
des cochons par la patte et en le retenant malgré ses cris, tâtez-moi ces jambons comme c'est
ferme et serré ; voyez ces reins, quelle largeur !
quelle solidité ! Et dire que le brave garçon qui
les mène trouve le moyen, en gagnant sa vie,
de donner cette belle et bonne marchandise à
un franc dix centimes le kilo. Il faut l'avouer,
général, c'est un peu plus intéressant que votre
petite guerre ; nourrir les hommes m'a toujours
semblé autrement méritoire que de les tuer.

LES LÉPORIDES

ET LES LAPINS DOMESTIQUES

J'ai visité dernièrement à Escorpain, chez
M. Firmin Didot, un petit clapier de léporides,
agencé suivant la méthode indiquée par mon
confrère Eugène Gayot, le grand éducateur de
lièvres et dont les hôtes m'ont vivement intéressé.
On aurait grand tort, à mon humble avis, de
considérer et de traiter le léporide comme une
simple curiosité de l'histoire naturelle. Maintenant
que la race est fixée, — M. Eugène Gayot en est
à sa vingt-sixième génération, je crois, — cet
animal est évidemment appelé à figurer dans
nos basses-cours agricoles.

On s'est peut-être exagéré les qualités de sa
chair. Elle m'a paru plus fine, plus serrée que
celle du lapin domestique; mais quant au fumet
de l'aïeul, il était si vague, si vague que je ne
suis point parvenu à en saisir un atome. Je suppose, de plus, que ces qualités iraient encore en
s'altérant, selon que les léporides auraient vécu
dans de plus mauvaises conditions d'aération et

de nourriture, en un mot que l'illustration de
leur origine ne les empêcherait pas du tout de
sentir le chou dont ils furent nourris, aussi bien
que leurs camarades du clapier. Le léporide n'en
constitue pas moins un superbe animal, remarquable par sa taille et sa grosseur, un grand point,
et bien plus encore par sa toison ; c'est le seul nom
que nous trouvions à donner aux poils longs et
soyeux, fins, épais et brillants dont il est couvert
et dont il nous semble impossible que le tissage
ne tire pas une étoffe d'un grand luxe. Si le léporide se vulgarise, ce qui est à souhaiter, sa tonte
pourrait bien devenir un produit d'une certaine
importance.

Toute médaille a son revers ; le succès de cette
alliance contre deux espèces parallèles a eu le
sien ; il a exalté outre mesure la fièvre de métissage de quelques amateurs au cerveau mal
équilibré. J'en sais un qui est bien près de tendre à cette fameuse combinaison de la carpe et
du lapin, dont les produits se voient quelquefois
dans les barraques des saltimbanques, mais qui,
à ce qu'il paraît, viennent au monde tout em-
paillés. Celui-là rêvait tout simplement de substituer le chat à la carpe dans ces épousailles fan-
tastiques. S'il en resta toujours aux prolégomènes
du grand œuvre, il n'en a pas moins son établis-

sement où figure un matou jouant les Barbe-Bleue auprès d'une pauvre mère lapin qui ne semble pas conserver d'illusions touchant le rôle à elle réservé devant l'autel de l'hyménée. Dernièrement, il exhibait ce haras à un brave homme de ses voisins en lui exposant d'étranges théories à propos de ce croisement ; celui-ci lui ayant demandé quels avantages il entendait en tirer. — Comment, lui dit ce maître fou, ne sera-ce donc rien que d'avoir des lapins qui se nourriront de souris ? — Certainement, lui répondit l'autre ; mais aussi vous voilà forcé de donner des choux à vos chats !

Un bohème de talent, Privat d'Anglemont, a écrit un livre fort curieux sur les petits métiers qui cherchent la pierre philosophale dans les dessous de la grande ville ; les industries secondaires de la vie agricole manquent totalement du caractère pittoresque qui donne une si piquante originalité aux révélations de ce travail ; nous n'avons point de ces spécialistes hétéréoclites ; s'il y a des profits accessoires, chacun se charge de les recueillir, et je ne vois guère que le taupier, le chasseur de fouines et le preneur de rats dont la physionomie soit assez tranchée pour mériter qu'on s'y arrête.

De toutes les ressources secondaires, la

plus généralement utilisée et la plus important-
tante est l'élève du lapin domestique. Dans
la région du centre, aux alentours des grandes
villes, il fournit une ressource d'autant plus
appréciée des pauvres ménages que pendant l'été
le soin de pourvoir le clapier de sa provende est
dévolu à la marmaille.

Un agronome qui fait de la statistique à vol
d'oiseau, a prétendu que l'on pouvait évaluer à
300 millions le nombre des lapins annuellement
consommés en France, ce qui, au prix moyen de
1 francs 50 représenterait une somme de 450
millions de francs. Il faut croire que la fécondité
lapinière est contagieuse et s'est étendue aux
additions de ce calculateur par approximation ;
ses chiffres me paraissent d'une exagération que
je suis trop poli pour qualifier. Pour procéder
comme il l'a fait, il convient de tenir compte du
nombre assez considérable de départements où
cette industrie est délaissée ou singulièrement
restreinte, et par conséquent réduire la production annuelle à 1,000 élèves par commune ; vous
arriverez ainsi au chiffre de 60 millions de lapins,
soit 90 millions de francs, ce qui est déjà fort
joli.

Du reste, le lapin domestique a héroïquement
résisté aux tendances progressives qui ont ca-

ractérisé les deux derniers siècles, sa valeur comestible reste rigoureusement qualifiée par le vers de Boileau. Deux causes contribuent à la médiocre qualité de sa chair, le choix peu judicieux de la race et les détestables conditions dans lesquelles on l'élève. Les gens de la campagne ne sont pas seuls responsables de la première ; il en est un peu du lapin comme du roman, le mauvais goût du public est pour quelque chose dans l'infériorité de la marchandise qu'on lui présente. Le paysan qui apporte au marché des lapins de Saint-Pierre ou des poulets de Houdan ou de Crèvecœur ne les vend pas un sou de plus que les premiers venus, ce qui autorise son insouciance des espèces.

Quant à l'entassement de ces animaux dans des clapiers où ils ne trouvent ni l'air, ni l'espace qui seraient nécessaires à leur développement normal, il ressort de la sainte routine dont il est bien difficile d'avoir raison. Malgré les éblouissantes perspectives évoquées par un opuscule célèbre, l'élevage du lapin est une spéculation médiocre, puisqu'une trentaine de ces pensionnaires consomme autant d'herbe qu'une vache, qui ne lâche point pied comme eux à la moindre colique, et fournit de 16 à 20 litres de lait par jour. Néanmoins il contribue à améliorer le sort de bien des pauvres gens, et donne un appoint en somme assez considérable à l'alimentation publique; aussi cette persistance dans les traditions antihygiéniques, qui altèrent la qualité de la chair de ces animaux, est-elle très-regrettable.

Un voisin de M. le marquis d'A..., de parcimonieuse mémoire, avait sollicité de celui-ci un prêt de 500 francs dont il avait besoin pour relever une grange. Le marquis envoya son intendant vérifier les sûretés que présentait le postulant débiteur. Quand cet homme fut de retour :

— Que faisait-il quand tu es arrivé ? lui demanda-t-il.

— Monsieur le marquis, il dînait. — Avec quoi? — Avec un lapin. — De garenne? — Non, c'était un vrai lapin de choux ! — Porte-lui ses cinq cents francs tout de suite, un gentilhomme qui se régale de lapin de choux est capable de tous les sacrifices pour payer ses dettes !

LE CANARD

Le canard, qui représente un des plus agréables objectifs qu'un chasseur puisse rencontrer, n'est pas moins intéressant à observer dans sa vie domestique. Comme le cochon, il était prédestiné à la servitude par sa goinfrerie, et il représente ce quadrupède parmi le peuple ailé. Rien qu'à la majestueuse béatitude avec laquelle, se ramassant sur lui-même et ployant le col, il repose son bec sur sa panse amenée à un degré de rotondité respectable, on devine que de cette panse il a fait son dieu, comme le porc de son ventre.

Cependant nous avons le devoir d'être indulgents pour ce don de voracité essentiel à tous ces préposés à la salubrité publique. D'une capacité bien plus restreinte, l'oiseau engloutit moins que le quadrupède, son collègue; mais il a sur lui l'avantage d'une facile locomotion, des facultés digestives plus complaisantes encore et de non moins de bonne volonté. Tout lui est bon, grains, chair, poissons, insectes, proie morte et proie vivante; j'en ai vu un avaler une petite

7

souris toute grouillante, et l'ingurgitation amenée à bien, il remuait sa queue avec satisfaction,
disant probablement à son estomac : arrange-toi
d'elle comme bon te semble, cela n'est plus mon
affaire.

La corruption ne le dégoûte pas davantage;
il triture les immondices, il barbote dans la
fange avec une volupté évidente. Quand on le
voit, pendant des heures entières, faire clapoter
les jus infects du fumier entre les spatules de son
bec, on est amené à supposer qu'il les expurge
des animalcules qu'ils contiennent et dont nous
trouvons profit à être débarrassés. Dans sa jeunesse, le petit canard manifeste cette passion
pour la chasse aux mouches que l'empereur
Caligula a poussée si loin, mais elle est bien
mieux justifiée chez l'oiseau que chez le César,
car il mange rigoureusement son gibier.

Où le canard se sépare nettement du compagnon de saint Antoine, c'est dans les soucis de
la propreté ; s'il aime la bourbe autant que celui-ci, du moins il tient à n'en pas conserver le
moindre stigmate et, même moralement, le
monde n'en exige pas davantage. Il apporte dans
les ablutions qui succèdent au repas la régula-
rité d'une petite maîtresse, se rince soigneusement le bec et les pattes, puis profite de l'occa-

sion pour réparer le désordre de sa toilette, et
lustrer son habit. De tous les buveurs d'eau, il
est le plus altéré, et l'excellence de son caractère donne un éclatant démenti à la méchante
réputation que l'on a prêtée à ses confrères.

Entre tous les hôtes de la basse-cour, il n'en
est pas dont la physionomie soit aussi mobile :
cela peut tenir un peu au développement exagéré de la protubérance nasale, ici représentée
par le bec, mais bien davantage à coup sûr, au
regard chez lui très-expressif et reflétant souvent une certaine malice ; ce sentiment, son
œil, relativement petit, le traduit très-claire-
ment, lorsque l'oiseau vous considère oblique-
ment en tournant et virant sa tête massive ; en
pareil cas, je me le représente volontiers comme
un philosophe pratique, discernant merveilleu-
sement le but intéressé des prévenances que
nous lui témoignons, mais qui, en franc épicu-
rien, juge plus sage de jouir d'aujourd'hui que
s'inquiéter de demain.

Le canard est plus intelligent que la poule ;
soit qu'en raison des conditions qu'exigeait son
existence à l'état sauvage, il ait été mieux doué,
soit que son ralliement ayant été plus tardif, il
conserve quelques vestiges des instincts de l'indépendance ; sa femelle ne s'accommode pas du

tout de notre passion pour les œufs et cache très-
souvent ceux qu'elle pond, lorsqu'elle s'aperçoit
qu'on les lui dérobe. Elle tient à nous prouver que
nous avons tort de lui dénier l'aptitude à la fa-
brication des canetons, couve laborieusement à
l'écart, et un beau jour vous ramène triompha-
lement sa nichée.

Éclectique en matière d'hyménée, polygame à
l'occasion, assez enclin aux détestables habitudes
du dieu Saturne, le mâle peut se montrer un
époux modèle quand les circonstances l'ont réduit à la monogamie. Une cane ayant disparu,
nous supposâmes d'abord qu'elle était devenue
la proie de quelque renard. Mais nous ne tardâ-
mes pas à remarquer que le canard veuf s'ab-
sentait régulièrement de la pièce d'eau où il
prenait ses ébats aux mêmes heures de la journée. On le suivit, on découvrit qu'il s'en allait
dans le bois, à plus de deux cents mètres
du poulailler relayer sa compagne sur le nid
pendant que celle-ci cherchait sa nourriture
dans les alentours.

De toutes nos variétés de canards, celle de
Rouen est la plus grosse. Si vous faites passer la
délicatesse de la chair avant le volume, je vous
recommanderai le petit canard noir du Labrador
qui vous fournira un manger exquis, après avoir

fort agréablement orné vos eaux, car son plumage aux reflets métalliques en fait un fort bel
oiseau. L'élève du canard se pratique un peu
partout, mais particulièrement dans le Langue-
doc resté, avec une partie de l'Alsace, le centre
de l'industrie un peu barbare des foies gras. Ce
développement exagéré de l'organe représente
tout simplement une maladie, la cachexie hé-
patique. On la détermine en tenant l'animal
dans l'obscurité et en l'empâtant soir et matin
d'une bouillie de maïs. Quinze jours suffisent à
l'opération.

LES PIGEONS

Le grand tort de toutes les réglementations est celui de rester fixes et immuables, tandis que le temps et la science apportent de profondes modifications dans les choses qu'elles régissent, et si bien que, de tutélaires qu'elles avaient été lors de leur institution, elles finissent, si l'on n'y prend garde, par devenir véritablement oppressives.

Avant 1789, le droit de colombier était un abus comme le reste des priviléges féodaux parmi lesquels il figurait. La loi du 6 août en fit justice et décida que les pigeonniers, quels qu'en fussent les propriétaires, pourraient être fermés par mesure administrative, pendant le temps des semailles.

Il est clair qu'en prenant cette mesure les membres de l'Assemblée nationale, qui faisaient volontiers de la pastorale à leurs heures, n'ont pas le moins du monde entendu décréter l'anéantissement de l'aimable oiseau que Buffon nous représente comme le plus parfait modèle de l'amour conjugal et de la tendresse paternelle dans un croquis de sept lignes qui est un chef-d'œuvre. C'est pourtant là, à peu de chose près, qu'ils en sont arrivés.

Visitez nos grandes exploitations de la Beauce et de la Brie, dans presque toutes vous verrez la vieille tourelle qui fut le colombier morne, déserte, veuve de ses habitants. Le plumage mordoré de ceux-ci faisait cependant un charmant effet sur les tuiles rouges aux rayons du soleil levant, leurs vols tournoyants, leurs allées et venues, leurs pantomimes amoureuses, animaient les étages supérieurs à l'unisson du rez-de-chaussée, et ils ne figuraient pas moins agréablement, c'est du moins l'avis de la fermière, dans les longs paniers que celle-ci emportait au marché.

C'est que, tandis que la loi, à cheval sur son temps des semailles, ne bougeait non plus qu'un terme, le progrès faisait son chemin, allongeant outre mesure ce temps de semailles en même temps que la liste de nos conquêtes agricoles. Il dure environ neuf mois aujourd'hui pendant lesquels il suffit d'avoir mis quelques poignées de pois dans une perche de terre pour se trouver autorisé à requérir la clôture du colombier d'un voisin désagréable ou vis-à-vis duquel on tient à se montrer tel. La réserve primitive expose à tant d'ennuis et de déceptions qu'elle équivaut à l'interdiction de posséder des pigeons.

Maintenant que le colombier est complétement

dégagé de son crime d'origine féodale, ne serait-il pas à propos d'examiner si au lieu de proscrire ses hôtes, il ne serait pas d'une saine économie d'encourager leur multiplication dans une certaine mesure ? Il est incontestable qu'à une époque où le prix de la viande de boucherie s'est démesurément augmenté, nous ne saurions rester indifférents à la propagation d'un oiseau qui apporterait à l'alimentation publique l'appoint d'une chair nourrissante, délicate et savoureuse, produite à peu de frais. De plus, ces oiseaux fournissent un engrais dont l'énergie n'a pas d'équivalent et dont il convient de tenir compte. Il reste donc uniquement à examiner si les préjudices qu'ils causent à l'agriculture l'emportent sur les services qu'ils peuvent nous rendre.

Nous sommes de ceux qui pensent que ces préjudices ont été exagérés. Le pigeon n'est point un oiseau pulvérisateur, il glane et ne gratte pas, ne consomme, même au temps des semailles, que les grains qu'il trouve à la surface et dont neuf sur dix ne germeraient pas. Maintenant, en mettant ces grains à leur passif, il faut faire figurer à leur actif l'énorme quantité de graines de plantes parasites, gesses, séné, lottiers, crucifères, mélilots, nincerelles, dont ils vous débarrassent pendant tout le cours de l'année, en vous économisant ainsi des frais de sarclage, et ajouter encore dans le même plateau les petites limaces plates et grisâtres, un fléau dans les années humides, dont ils font une consommation considérable.

Ces considérations nous ont donné à penser que la loi de 6 août 1789 a perdu sa raison d'être et nous engagent à appeler l'attention des agriculteurs sur cette question qui ne manque pas d'intérêt.

Ayant à annoncer la création en France de sociétés colombophiles, un journal prenant le Pirée pour un nom d'homme en a conclu que les amateurs de pigeons à la crapaudine n'avaient qu'à se bien tenir, qu'ils trouveraient à qui parler désormais, s'ils cédaient à la fantaisie de lâcher bride à leurs appétits! Les sociétés colombophiles existent depuis longtemps en Belgique, et jamais aucune d'elles ne s'est avisée de trouver mauvais qu'un de nos voisins fricassât ses pigeons avec des petits pois!

Ces sociétés colombophiles n'ont d'autre but que de répartir sur un grand nombre de sociétaires, d'alléger, par suite, les frais très-dispendieux de l'éducation et d'entraînement des pigeons voyageurs et de stimuler l'émulation des gens qui les

élèvent par des récompenses souvent considérables. A ce titre, et bien que dégagées de tout
parfum de sensibilité, ces institutions sont à
imiter, et nous applaudirons à leur introduction
dans notre pays.

Nous venons parler de l'éducation des pigeons
voyageurs ; il n'est pas absolument inutile de raconter comment elle se pratique.

Le pigeon voyageur est une variété du biset, fixée
par la sélection, et aussi remarquable par son attachement à son colombier que par ses facultés
d'orientation et que par la puissance de son vol.

Comme chez les bisets, la couleur du plumage est variable, la nuance lie de vin est
très-estimée. Le fait suivant donnera une idée de
l'amour de ces oiseaux, pour ce qu'il faut bien
appeler leur foyer domestique : un habitant de
Verviers qui en possédait une trentaine, ayant
déménagé, traita ses pigeons comme des meubles
meublants et les emporta avec lui. Murs soigneusement badigeonnés, paniers confortables, eau
toujours fraîche, jusqu'à la queue de morue qui
donne satisfaction à leurs appétits pour le sel,
rien de ce qui pouvait les familiariser avec le
nouveau gîte ne fut négligé ; de plus, on ne les
lâcha qu'après trois mois, lorsque la plupart se
trouvèrent pourvus du plus solide de tous les

liens, d'une famille à élever. Ils n'en retournèrent
pas moins à l'ancienne demeure. Le pigeonnier
était détruit, ils s'installèrent sur le toit ; à mesure que les petits prenaient de l'aile, les anciens, les emmenant avec eux, allaient retrouver
leurs camarades.

C'est sur ce sentiment que l'on spécule ; il a
servi de base à l'industrie du transport des dépêches au moyen de ces oiseaux. Quelques physio-
logistes ont paru disposés à admettre chez le pigeon voyageur aussi bien que chez les migrateurs
dont les immenses traversées nous étonnent, un
sixième sens, grâce auquel ils retrouveraient
leur route à travers l'espace, et quelques-uns
dans les ténèbres, aussi sûrement que l'homme
à l'aide des admirables instruments qu'il doit à
son génie. Sans le nier, je pense que la vue si
perçante du pigeon joue un rôle important dans
la rectitude avec laquelle il choisit son chemin.
Quand il est lâché, on le voit s'élever aussitôt à
de grandes hauteurs d'où l'œil peut embrasser
une large zône, il y plane encore quand il arrive.
D'ailleurs, avant de lui imposer des distances
considérables à franchir, il a été indispensable
de les leur faire préalablement parcourir par frac-
tions, c'est-à-dire de fournir à sa mémoire, également très-développée, de visibles points de

repère sur lesquels il s'orientera successivement.

Ces exercices préparatoires constituent l'entraînement du pigeon voyageur. Ils embrassent
généralement un parcours qui varie de quinze à
trente lieues. S'il s'agit, par exemple, de les des-
tiner au trajet de Paris à Bruxelles, on les expé-
diera une première fois de cette dernière ville à
Mons ; huit jours après, on les fera partir de
Douai; Amiens et Creil deviendront les théâtres
de la troisième et de la quatrième épreuve,
après lesquels ils effectueront un voyage de
Paris à la capitale de la Belgique avec toute la
rapidité désirable.

En expliquant comment ces oiseaux parviennent à effectuer leur retour d'étape en étape,
ces préliminaires en affaiblissent incontestablement le côté merveilleux.

Ces voyages multipliés, la nécessité de faire
accompagner les expéditions d'un homme chargé de pourvoir à un besoin très-impérieux chez
les pigeons et dont témoigne l'inscription : « J'ai
soif », qui se reproduit sur tous les paniers qui
les contiennent, entraîneraient, s'ils s'effectuaient
isolément, des frais fort au-dessus des ressources
des bons bourgeois flamands et wallons qui
composent l'état-major de ce sport. L'association allége singulièrement ces dépenses, grâce

aux sociétés colombophiles ; elles sont abordables à toutes les bourses et largement compensées par les prix offerts aux éleveurs à différents concours et dont quelques-uns ont une valeur de plus de 500 francs.

La vitesse du pigeon voyageur paraît être de 80 à 100 kilomètres par heure. Aldolbrande raconte qu'un de ces oiseaux alla d'Alep à Babylone en quarante-huit heures, trajet qu'un bon marcheur n'accomplirait pas en un mois, et d'autant plus remarquable que cet oiseau ne poursuit jamais ses traversées pendant la nuit. Un autre a franchi en quatre heures les 72 milles qui séparent Bury-Saint-Edmond de Londres. Nous-même nous avons assisté, à Spa, à un concours dans lequel les pigeons ayant été lâchés à Paris à six heures du matin, l'un d'eux tombait sur son toit à 11^h,35 minutes, ayant mis par conséquent cinq heures et demie pour faire ses 398 kilomètres, et il me fut dit que cette rapidité était souvent dépassée.

En résumé et sans admettre que nous nous retrouvions dans la cruelle nécessité d'avoir à utiliser le pigeon pour le transport de nos dépêches, son éducation et les luttes qui s'ensuivent nous paraissent d'un si vif intérêt que nous souhaitons qu'elles se popularisent parmi nous.

PROSCRIPTION DES CORNEILLES

Le département de la Seine-Inférieure s'est livré à une petite opération plébiscitaire dont le résultat ne nous raccommode point avec ce genre de manifestation de la voix de Dieu. Les destinées de la corneille étaient l'objet du scrutin. 471 conseils municipaux sur les 750 du département, ayant déclaré qu'ils avaient gravement à se plaindre de cet oiseau, le conseil général l'a mis hors la loi, et M. le préfet a décidé que cette perturbatrice de la tranquillité publique serait détruite par tous les moyens possibles, y compris le fusil pendant le cours du mois d'avril. Pauvre corneille! devais-tu t'attendre à cette rigueur de la part des compatriotes de ton illustre homonyme?

J'ai le plus profond respect pour les conseillers municipaux de Normandie et ne voudrais pas plus médire de leurs lumières que de leur équité; mais enfin, cette question de l'utilité ou de la nuisance — un mot du cru qui ne saurait leur déplaire — des corneilles et de ses cousins germains les reux, les choucas, proscrits avec elle,

n'en doutez- pas, est si ardue, si compliquée,
elle embarrasse si fort les investigateurs les plus
patients, les plus minutieux, qu'il me sera permis de m'étonner que ces messieurs l'aient tranchée avec tant de désinvolture.

Les animaux subissent évidemment le contre-
coup des modifications de notre état social, et les
corneilles sont de ceux auxquels la civilisation
a coupé les vivres. Ces anciennes préposées à la
salubrité, ces ex-agents de la voirie de la nature,
dont nous avons servilement copié le funèbre
uniforme pour en affubler tous ceux de nos semblables qui, comme elles, vivent de la mort, auraient tort de compter sur les charognes d'aujourd'hui pour se sustenter : l'industrie est trop
bien avisée pour leur en abandonner la moindre
parcelle ; or, comme il faut vivre, c'est-à-dire
manger, surtout quand on est corneille, elles se
sont rabattues sur d'autres aliments, elles pico-
rent quelques grains de blé, je le reconnais, mais
la transformation n'a point été jusqu'à en faire
des oiseaux purement granivores ; leur nourriture de prédilection est celle qui se rapproche le
plus de la chair, les insectes et leurs larves, parmi
lesquelles le ver blanc gras, laiteux, succulent,
doit figurer au titre de friandise. Maintenant dans
ces sortes de questions, c'est toujours là qu'il

faut revenir, quel est le bilan de ces effroyables déprédations, dilapidations, etc., qu'on leur reproche ? Il se résume, quant aux fruits, en quelques guignes et cerises qui le plus souvent auraient séché sur l'arbre, et des noix ; quant aux céréales, comme elles n'y touchent que pendant la période bien restreinte qui sépare les semailles de la germination, je ne me figure pas que les dommages qu'elles causent puissent avoir l'importance qu'on leur attribue.

Les mérites comestibles de ces graines sacrosaintes sont si minces devant le bec de la corneille, que jamais elle ne s'avise de suivre le semeur. Quand le laboureur pousse la charrue dans le sillon, vous les voyez, au contraire, s'abattre en vols pressés autour de lui ; elles abdiquent momentanément leur méfiance caractéristique, et, aiguillonnées par la gourmandise, elles remontent la vague de terre qui s'épanche le long du soc, elles viennent jusque sous les sabots de l'attelage, glaner les épaves que le fer a tirées de leurs souterrains, avec une ardeur, une audace qui démontrent que c'est bien là leur idéal gastronomique. Que les Normands, qui sont de fins calculateurs, supputent les dégâts que ces insectes auraient causés à leurs récoltes si les corneilles n'avaient pas été là pour en délivrer le terrain, ils deviendront probablement plus indulgents pour les méfaits de ces oiseaux. Souhaitons encore, en terminant, que chacun des 471 conseils munici- paux qui ont rendu l'arrêt de proscription pres- crira qu'il sera procédé à l'examen de l'œsophage d'une douzaine seulement des victimes ; ce serait pour eux un moyen d'être en paix avec leur con- science ; pour nous, l'espérance que l'hécatombe ne se renouvellera pas.

LES PUCERONS

J'ai dans mon voisinage une peuplade aussi intéressante par ses mœurs qu'elle est désobligeante par les dommages qu'elle occasionne. La presque totalité de ses membres appartient au sexe faible et réalise sans bruit, sans toats, sans banquets, l'émancipation idéale à laquelle aspirent quelques beaux esprits féminins de notre temps. Beaucoup plus avancée que les anciennes amazones dans leur constitution sociale, cette tribu fait mieux que de réduire la gent masculine au rôle de bêtes de somme, elle la biffe, elle s'en passe, et cela ne l'empêche point de pratiquer si consciencieusement le premier commandement de Dieu, par ordre de date, croissez et multipliez, que sa postérité peut rendre beaucoup de points à celle de Jacob.

Une grand'mère, la neuvième dans l'ascendance, selon Réaumur, a immolé ses répugnances à la tranquillité, au bien-être des générations futures ; elle s'est résignée à aimer une fois, à mettre pour quelques secondes sa patte dans la patte de ce désagréable personnage qu'on appelle un mari, et cela a suffi pour affranchir ses petites-filles de cette cruelle nécessité, pour leur permettre de savourer les douces joies de la maternité, sans avoir à passer sous les fourches caudines de la domination conjugale.

Il faut voir comme il leur profite, cet état de célibat prolifique assez rare dans la nature : grosses, grasses, dodues, rondelettes comme des prébendaires, pacifiques, sédentaires, taciturnes, concentrant leurs forces vitales tout entières à l'accomplissement du grand devoir, elles seraient de vrais modèles à proposer au beau sexe de toutes les espèces, si l'orgueil d'avoir donné un croc en jambe à la coutume ne les entraînait un peu trop loin.

Malheureusement il y a, paraît-il, de tels charmes dans cette propagation le plus souvent solitaire, que la multiplication de mes voisins constitue un véritable fléau. Quatre fois j'avais essayé d'en délivrer des rosiers sur lesquels ils avaient élu domicile et dont grâce à eux les plus beaux boutons devenaient étiques, quatre fois leur fécondité avait triomphé de mes arguments. Il paraîtrait que le cinquième était péremptoire, car, à ma grande joie, il a réussi à les faire disparaître. Supposant que, malgré l'intérêt qui s'attache aux étranges facultés de reproduction des

pucerons, persuadé que, malgré l'originalité de
leurs relations avec les fourmis, ces insectes ne
donnent pas moins de soucis à quelques-uns de
mes futurs lecteurs qu'ils ne m'en avaient donnés
à moi-même, je m'empresse de leur communiquer la recette qui m'a si parfaitement réussi et
qui m'avait été fournie par la *Revue horticole*.
Elle consiste dans l'emploi du quassia amara. 30
grammes de quassia que l'on fait bouillir pendant
dix minutes dans 10 litres d'eau, avec 300 grammes de savon commun, donnent une liqueur
puceronnicide d'une valeur sérieuse.

Non-seulement comme les infusions de tabac,
de noyer, d'absinthe, etc., elle fait tomber les
insectes des branches, mais ceux qui, n'ayant pas
été touchés par le liquide, ont survécu, et il y en
a toujours, dégoûtés par l'amertume que les
tiges et les feuilles conservent quelque temps
après l'aspersion, ne sont plus tentés d'y revenir
continuer leurs exploits de mère Gigogne.

Du reste, la nature s'était elle-même chargée
de remédier à la désolante fécondité du puceron. Elle nous avait fourni un auxiliaire qui ne
se contentant pas, comme la fourmi, de pomper
le miel de celui-ci, trouve plus expéditif de ne
faire qu'une bouchée du nectar et du vase qui le
contient. Cet ennemi de nos ennemis, elle l'a

créé charmant pour essayer de nous intéresser à sa conservation, qui nous serait si profitable : c'est la coccinelle, la bête à bon Dieu.

Hélas! comme avec bien d'autres créations, la bonne dame en aura été pour l'excellence de ses intentions ; non-seulement personne jusqu'ici ne s'est avisé de propager ou de protéger seulement les coccinelles, mais les uns niaisement, d'autres, pour obéir à d'absurdes préjugés, continuent de les détruire avec enthousiasme. L'auxiliaire naturel est un instrument dont de longtemps encore nous ne saurons pas nous servir.

LES CAMPAGNOLS

Ce n'était pas assez de l'oïdium, du phylloxera, des hannetons et des chenilles, nous voici, paraît-il, menacés d'un nouveau fléau dans la souris de terre, ou campagnol. Il a causé naguères d'assez grands ravages dans le département de la Marne, pour mettre les sociétés agricoles, les conseils d'arrondissement en émoi et obtenir les honneurs d'un arrêté préfectoral qui le proscrit officiellement.

Ce n'est point la première fois que l'agriculture a maille à partir avec les campagnols. Dans les premières années de notre siècle, ils désolèrent plusieurs départements ; dans l'Ouest ils anéantirent la récolte sur une quarantaine de lieues carrées. Ces rongeurs sont redoutables non-seulement en raison de leur grande fécondité, — le campagnol produit deux fois par année, et chacune de ses portées est de six à dix petits, — mais aussi à cause de leur tempérament de touristes qui leur permet de passer dans un autre canton, lorsque les vivres deviennent rares dans celui qu'ils habitent ; comme ni les fleuves ni les canaux n'arrêtent leurs colonnes émigrantes, aucune contrée n'est à l'abri de leurs incursions dévastatrices.

Les moyens de destruction préconisés par les arrêtés préfectoraux et généralement usités, lesquels consistent à faire suivre chaque charrue d'un jeune auxiliaire chargé d'assommer les souris que le soc ramènera sur la terre sont d'une insuffisance flagrante. Nous pensons qu'un chien terrier, si médiocrement dressé qu'il fût, conviendrait un peu mieux à une semblable besogne que le plus leste, que le plus subtil des gamins auquel elle sera confiée, et nous trouvons en outre que la substitution que nous recommandons aurait l'avantage de laisser le gamin susdit aux bancs de son école.

Il serait facile de démontrer combien il est à souhaiter que cette race canine aux aptitudes énergiques et d'une incontestable utilité prît dans nos campagnes la place des félins dégénérés et réduits le plus souvent à un lâche parasitisme, aussi bien que celle de ces chiens sans vocation comme sans espèce, dont l'unique emploi paraît être de faire assaut de vacarne avec les polissons du village. Malheureusement, nous

aurons beau dire et beau faire, si victorieusement
que la cause fût plaidée, le vœu ne nous semble
pas près de se réaliser.

L'esprit de calcul, si vanté de nos paysans, ne
s'étend pas au delà de limites assez étroites ; le
bénéfice qui n'est pas immédiat ne sollicite point
leur initiative ; comme ils sont réfractaires à
toute lecture, rien ne supplée chez eux à cette
pauvreté des combinaisons économiques. Un tel
caractère les rend peu propres à soutenir les
épreuves laborieuses et surtout très-lentes de
l'amélioration des races ; ils préféreront accepter
philosophiquement les imperfections de l'outil
qu'on appelle l'animal domestique plutôt que de
l'approprier péniblement et dispendieusement
aux services qu'ils en attendent. Comme, en leur
qualité de Français, ils sont affectés d'un grain
de fantaisie et d'une assez forte dose de vanité,
qu'ils tiennent en outre en grand honneur le
culte de sainte routine, ils poussent fort loin la
consolante illusion que, sous le rapport des
quadrupèdes auxiliaires, comme sous tous les
autres, ils sont mieux partagés que personne, et
les produits les plus vantés de nos voisins d'outre-
Manche n'excitent jamais leur envie.

De longues années se passeront donc encore
avant que nos cultivateurs confessent qu'un ro-

quet hargneux et fainéant coûte aussi cher à
nourrir que cette admirable machine à destruction de rongeurs qu'on appelle le chien terrier,
et ne présente pas tout à fait les mêmes avantages.

Si les campagnols ne devaient avoir à compter qu'avec ces braves chiens passés des box de
nos sportsmen dans les écuries de nos fermes,
ils auraient le loisir de dévorer bien des épis ;
aussi ne croyons-nous pas inutile de rappeler
les différentes méthodes qui, en 1806, furent
employées pour s'en débarrasser.

On en détruisit un grand nombre en répandant dans les champs du blé et de l'avoine que
l'on avait mis à macérer dans une dissolution
d'arsenic. Cet expédient du genre héroïque était
gros d'inconvénients. Non-seulement il tua des
lièvres, des perdrix qui avaient tâté de ces graines
perfides, mais ces animaux ayant été vendus au
marché, il en résulta des accidents beaucoup
plus graves, et il fallut renoncer à ce genre d'empoisonnement. On remplaça l'arsenic par le
garou ou suc du *Daphne thymelea*, et par celui
de tithymale, mais de fort honnêtes animaux
payèrent encore pour les campagnols ; il fallut en
revenir aux destructions à la main au moment
des seconds labours, jusqu'à ce que l'on eût

trouvé un procédé aussi sûr et infiniment moins
dangereux que le poison : il consistait à pratiquer dans les champs de petites fosses aux
parois unies et perpendiculaires que ne pou-
vaient gravir les souris qui y étaient tombées.
On les trouvait par douzaines dans ces sortes de
trappes.

LES TAUPES

Quand il s'agit des hommes, il n'est pas toujours commode de distinguer ses amis de ses ennemis, mais cette sorte de classement présente, paraît-il, des difficultés plus grandes encore lorsque les bêtes sont en cause.

Cent fois plaidée, la question de savoir si la taupe est utile ou nuisible à l'agriculture est toujours pendante ; elle le sera probablement longtemps encore.

Les uns considèrent la taupe comme un fléau, les autres la plaignent comme un animal martyr, dont la persécution déshonore notre ingrate espèce.

— Elle purge la terre des vers blancs, des lombrics et des courtilières, dit celui-ci ; Dieu seul pourrait conter les richesses qu'elle sauvegarde ; ses galeries font œuvre de drainage dans nos prés, et il n'est pas jusqu'à ses taupinières qui, judicieusement distribuées sur les gazons, n'en avivent et n'en fortifient la pousse au printemps; elle nous rend, en un mot, beaucoup plus de services qu'elle n'est·grosse.

— En théorie, je ne dis pas non, répond le taupophobe, mais dans la pratique c'est une autre affaire, et pour mon compte je lui trouve l'âme aussi noire que sa robe. Que m'importe qu'elle croque une larve de hanneton, si, pour l'attraper, elle détruit plus de racines que celle-ci n'en eût consommé dans une année? Et encore est-il bien certain qu'elle partage le goût des Chinois pour cette friandise? Cela est contesté bel et bien. En attendant, voyez un peu le bel aspect que ses croisières à fleur de terre ont donné à nos labours. Et ce n'est pas tout : par pure malice, elle se fait la complice de ses compères les mulots, en leur ménageant des souterrains où ils défient le châtiment que méritent leurs nombreux méfaits. Je comprends que vous la canonisiez, vous autres laboureurs en chambre, car elle respecte religieusement les petites cultures intensives auxquelles vous vous livrez sur le papier, moi je suis payé pour penser autrement, la taupe me gêne, je l'assomme d'abord et je la jugerai demain.

Les deux contradicteurs sont d'autant moins près de s'entendre qu'ils ont raison l'un et l'autre. Il n'y a rien d'absolu dans ce bas-monde ; chez les taupes, comme chez les hommes, il se rencontre de sérieuses qualités pour servir de correctif aux plus abominables défauts. C'est à la raison, qui est notre privilége, d'établir la balance entre les avantages des premières, les inconvénients des seconds, et de juger si notre intérêt nous fait de la clémence un devoir.

Ainsi, le jardinier est parfaitement autorisé à traiter la taupe comme une peste, car cette infatigable fouilleuse compromet quotidiennement la belle tenue de ses plates-bandes ; ses travaux de sape et de mine soulèvent, étiolent, déracinent les plantes les plus précieuses. D'ailleurs, si les objectifs ordinaires de ses classes souterraines foisonnent dans le terrain, ils accuseront ce jardinier de paresse et de négligence puisque dans ses labours répétés il n'a pas manqué d'occasions de les détruire.

Mais dans la grande culture, où la terre est moins fréquemment et moins minutieusement remuée, où le voisinage des bois concentre la ponte du hanneton, la présence de la taupe est moins fâcheuse. Les prairies, en revanche, doivent gagner à sa multiplication modérée ; non-seulement elle les délivre des insectes spéciaux dont nous parlions tout à l'heure, mais elle en extirpe les colchiques, dont elle mange les bulbes et qui pourraient devenir nuisibles à la santé de certains bestiaux.

En résumé, nos campagnards ne perdraient rien en renonçant à leurs traditions de justice expéditive ; ils trouveraient un double bénéfice à désigner clairement les terres dans lesquelles le taupier exercera sa petite industrie, avant de lui donner leur argent.

Nul n'est prophète en son pays, pas même le petit mammifère dont nous venons de parler. Si la
taupe nous arrivait des terres australes, elle aurait servi de prétexte à de gros livres, dans lesquels son admirable conformation de fouilleuse,
ses mœurs étranges, seraient longuement dé-
crites. Elle est indigène, et c'est à peine si nous lui
accordons un regard distrait, lorsqu'au milieu des
terres remuées, déblais de ses travaux souterrains,
nous apercevons cette forme noirâtre qui, fort
clairvoyante, « quoi qu'en dise Aristote et sa
docte cabale », s'empresse aussitôt de disparaître.

Lorsque nous étions enfants, on s'évertuait à
nous émerveiller par la peinture des prodigieux
travaux du castor ; cependant, le maître qui nous
conduisait à la promenade n'avait qu'à pousser
du pied un des monticules que nous rencontrions,
pour exposer à nos regards un autre chef-d'œuvre de l'instinct, le nid de la taupe, qui ne le cède
en rien aux cabanes et aux pilotis de l'amphi-
bie-maçon d'Amérique. Quand donc l'éducation
française saura-t-elle s'affranchir de ses sottes
traditions ? Ne se décidera-t-on jamais à faire observer, étudier la nature, dans ce que l'enfant a
sous les yeux, sauf à solliciter ensuite pour les
choses qu'il ne connaîtra peut-être jamais, que

par oui-dire, le superflu de ses admirations ?

Nous n'avons point exagéré en qualifiant de chef-d'œuvre le nid de la taupe. C'est un miracle de sagace prévoyance et un charmant travail de maçonnerie.

Les inondations, si fréquentes à l'époque de la mise bas de la taupe, sont mortelles à sa race ; elle le sait, et tous ses efforts ont pour but d'en préserver ses enfants. Or, le moyen le plus sûr pour y réussir est d'établir leurs futures demeures sur un sous-sol qui domine le niveau du terrain ; elle ne recule point devant les difficultés de l'entreprise. Ce sous-sol se compose d'une voûte soutenue par des piliers assez multipliés pour résister à l'irruption des eaux, solidifiée, renforcée par le mélange d'herbes et de racines avec de la terre fortement battue. Au-dessus de cette voûte, l'animal établit le lit moelleux où s'élèvera sa famille, et que protége une couche de terre assez épaisse pour que la pluie ne la pénètre pas facilement. Deux galeries, longues de cinq ou six mètres, conduisent à ce domicile.

Du reste, la tendresse maternelle de notre humble héroïne n'est point au-dessous de ces prévisions de l'instinct. Si, comme les loups et les hommes, les taupes se font la guerre, avec cette excuse qui nous manque, qu'elles se battent pour

se manger, leur amour pour leurs petits leur
inspire un courage très-voisin de l'héroïsme. Au
printemps dernier, mon jardinier ayant découvert un de ces nids de taupes, s'était avisé, après
avoir préalablement intercepté les issues avec
des fers de bèche, de diriger sur lui le jet d'une
pompe de jardin dans des intentions évidemment
peu charitables.

L'édifice résista pendant quelques minutes à
cette trombe d'un nouveau genre. Mais la taupe,
qui n'avait évidemment pas prévu ce déluge,
voyant ses murailles s'effriter peu à peu, ayant
reconnu que la retraite était coupée, troua d'elle-
même son abri. Elle se montra sur des débris
ruisselants, un de ses petits dans la gueule ; puis,
sans plus s'épouvanter de notre présence que du
bruit de la pompe, elle passa à trois pas de nous
et gagna fièrement une taupinière voisine, où
elle disparut avec son cher fardeau. Bientôt nous
la vîmes revenir, toujours en plein soleil, intré-
pide, et se diriger vers le nid, évidemment pour
arracher un autre de ses enfants à la mort.

C'en était assez ; je fis cesser ce jeu cruel. Il y
avait quelque désintéressement à y renoncer, car
j'ai maintes fois payé fort cher le droit d'assister
à des spectacles qui ne m'ont ni autant intéressé, ni autant ému que celui-là.

PROPAGATION DU GIBIER

Le printemps est l'époque où le propriétaire curieux de ses plaisirs futurs songe à combler les vides que le fusil, — soyons plus modestes, — que le braconnage a pratiqués dans les rangs de son gibier. Si vous en croyez M. Tout le monde, rien n'est plus facile que de repeupler une chasse ; en réalité, rien de plus compliqué, rien de plus dispendieux, rien de plus absorbant. Pour notre compte, nous nous sommes toujours méfié de ce dont on dit ; c'est tout simple ! et nous nous en sommes toujours bien trouvé.

Si vous procédez à la légère dans cette entreprise du repeuplement cynégétique, vous pourrez éprouver de cruelles déceptions. Le lièvre, qui est ordinairement le gibier dont la destruction a été immodérée et qui, par conséquent, réclame le plus impérieusement des suppléants, vous ménage de nombreuses infortunes si vos tentatives d'acclimatation n'ont pas été parfaitement combinées.

La chasse étant fermée, et — il serait dix fois imprudent de songer à repeupler avant sa clôture, —

il vous est interdit de recruter dans le pays. Il est vrai que le braconnage est tout prêt à pourvoir à vos besoins, mais vous risqueriez fort, comme certain propriétaire de notre connaissance, d'acheter à beaux deniers comptants des animaux ou des oiseaux capturés chez vous dans la nuit précédente. Pour des fournitures de ce genre, vous êtes donc forcé de vous adresser à l'Allemagne, avec autorisation de M. le Préfet de police bien entendu.

Nous ne manquons pas de griefs contre les liévres d'outre-Rhin. Cependant, faute d'indigènes, il est sage de faire souche de ces étrangers, en espérant que le croisement et le changement de régime amélioreront quelque peu la valeur comestible de ces grenadiers de l'espèce léporine. Ces animaux qui vous arriveront par les voies rapides, fortement endommagés par le trajet, et qui, le marchand ne répondant pas de la casse, vous reviendront à des prix considérables, gardez-vous bien de leur livrer la clef des champs à l'étourdie, car alors vos soins, vos peines, votre argent, vos ennuis, auraient pour résultat de doter de quelques portées de levrauts des voisins aussi inconnus qu'indifférents. Un lièvre capturé dans des panneaux et tont une pérégrination aussi tapageuse a exalté l'humeur farouche, part comme un trait aussitôt qu'il est lâché, et ne s'arrête quelquefois qu'à plusieurs lieues du bois où il a été rendu à la liberté. Il est indispensable de faire subir à ces exilés un stage préalable avant de les abandonner à eux-mêmes.

Si vous avez autour de votre habitation un parc fermé de murs, si à défaut de parc vous disposez d'un enclos de quelques centaines de mètres attenant à une maison de garde, vous pouvez en faire le séjour préparatoire de vos animaux, sinon il faudra disposer un emplacement pour les recevoir. Cet emplacement aura au minimum et pour dix lièvres un hectare d'étendue. Vous l'établirez de préférence dans un taillis de deux ou trois ans ; les clairières, les charbonnières seront converties en placeaux, où vous aurez semé des fourrages à croissance rapide, vesce, orge d'hiver, trèfle incarnat, etc. Une demi-douzaine de trappes jouant sur des coulisseaux seront ménagées dans l'ensemble de l'enceinte.

Que ce soit dans un parc ou dans un enclos, mieux vaut lâcher vos lièvres le matin que le soir ; ils se tourmenteront moins et ils auront la journée entière pour se remettre de leurs émotions dans le gîte où ils auront toujours fini par s'établir. Les jours suivants ce sera toujours deux ou trois heures avant la tombée de la nuit que l'on viendra renouveler le supplément de nourriture des hôtes de l'enclos, lequel consistera en herbes fraîches, en carottes, en betteraves mélangées avec de l'avoine. Pour leur distribuer cette provende, on évitera autant que possible de pénétrer dans l'enceinte, on répandra ces provisions au travers ou par-dessus les palissades.

Dans les premiers jours de mai, six semaines après l'entrée des animaux dans ce parquet, on peut lever les trapillons. Dès la première nuit hâses et bouquins profiteront de la brèche, mais ce sera pour s'établir dans les environs ; d'abord parce que leur fugue s'exécutant dans les ténèbres, sans que nul visage humain les effraye, ils songeront plus à viander qu'à courir la prétentaine ; en second lieu parce que nombre de femelles se trouveront dans une situation intéressante qui est peu compatible avec les voyages au long cours.

Le nombre des animaux de repeuplement doit être proportionné non-seulement à l'étendue des bois dont on dispose, mais à leur situation topographique. Le lièvre est un gibier mixte auquel la plaine et la forêt sont également nécessaires. Moins vos couverts seront profonds, plus ils s'é-

tendront en bordures, plus vous devez compter
sur la multiplication et la prospérité de vos élèves. Si telle est la disposition de votre terrain,
une hâse pour dix hectares, dix hâses pour cent
hectares, les garniront d'une population suffisante, mais que vous devrez ménager et protéger
dans les premières années. Cet aperçu succinct
des difficultés du repeuplement vous aura prouvé
une fois de plus que créer est moins commode,
et surtout moins économique, que de conserver.

ACCIDENTS DE CHASSE

Chaque année dès les débuts de la saison, nous avons déjà quelques noms à ajouter au martyrologe des victimes ou de leur imprudence, ou de l'étourderie d'un ami. — L'ami intime est aussi redoutable à la chasse que dans la vie conjugale ; c'est à vous dégoûter d'en avoir.

Malheureusement, les exemples de la facilité avec laquelle une partie de plaisir peut finir en drame ne corrigent personne ; les leçons tragiques ont beau se multiplier, je ne m'aperçois pas qu'on en profite. C'est à croire qu'on naît prédestiné à l'homicide involontaire, comme on naît poëte ou rôtisseur. J'ai vu une de ces sortes de tempéraments résister à une première et lamentable épreuve.

Je chassais avec mon père en Normandie, chez un ancien garde du corps, beau et bon garçon, fort adroit à tous les exercices, mais une incarnation de l'imprudence. La manie de celui-là consistait à jouer avec son fusil, comme un bâtonniste avec sa canne. Nous arrivons à une haie ;

suivant son habitude, le châtelain veut la franchir en sautant ; une ronce s'était probablement engagée dans la sous-garde de son fusil qu'il portait armé, et les canons tournés en arrière ; les deux coups partent à la fois et viennent broyer la poitrine d'un pauvre jeune homme qui marchait derrière notre hôte et devant moi, l'ami intime, bien entendu. Vous concluez sans doute qu'après un tel malheur, notre homme fit le vœu de ne plus toucher à une arme de sa vie ? Point. Ce fut tout au plus s'il renonça à ses fantasias. Deux ans après, je le retrouvais à une ouverture, où il fut l'objet d'une apostrophe qui, pour être rude, n'en fut pas moins aussi perdue que le reste. Au moment où il se disposait à franchir un échallier avec la gracieuse agilité dont il m'avait déjà fourni un échantillon, un vieil officier de chasseurs qui se trouvait là l'arrêta ; et, sautant le premier :

— Pardon, lui dit-il, mais je suis père de famille, moi, et j'ai le devoir de faire passer la prudence avant la politesse.

J'ai connu un gentleman du Maine qui pratiquait une précaution préventive très-recommandable, quand on n'est pas tout à fait sûr de ses compagnons. Au moment d'entrer en chasse, il prenait une balle dans sa poche, la glissait ostensiblement dans le canon gauche de son fusil, et ôtant son chapeau :

— Messieurs, disait-il, comme les Anglais à Fontenoy, vous pouvez tirer les premiers ; seulement, j'ai l'honneur de vous prévenir que je riposte !

Depuis l'abandon des fusils à baguette, les accidents où l'on se fusille soi-même sont devenus un peu moins communs ; en revanche, on est beaucoup plus exposé à être fusillé par son prochain, et la compensation a ses désagréments. Le plomb ne se comporte pas toujours correctement avec une arme à système, soit qu'ayant été trop serrés dans la cartouche, ses grains aient acquis une certaine cohésion, soit que la douille n'appuie pas suffisamment contre les parois du canon, il peut arriver que cette douille se déchire au niveau de la charge, qui, de la sorte, reste réunie jusqu'à une certaine distance ; la portée qu'acquièrent alors les projectiles dépasse les prévisions ordinaires ; aussi est-il prudent de s'abstenir rigoureusement de tirer lorsque quelqu'un se trouve dans la direction, et à moins de 200 mètres.

Nouveau témoignage d'endurcissement pris dans un âge beaucoup plus tendre que dans l'exemple précédent. Le 29 août dernier, un lycéen qui faisait ses premières armes dans notre troupe, sale les reins de monsieur son père d'une vingtaine de grains de plomb. Fureur de l'auteur de ses jours ; admonestations, imprécations, malédictions que le coupable écoute consterné ; puis il finit par fondre en larmes.

Resté seul avec lui, je le console de mon mieux ; tout en lui recommandant plus d'attention ; je mets en avant, comme argument décisif, qu'au résumé, son papa n'a pas eu grand mal.

— Papa ! je m'en moque pas mal, me répond l'aimable jeune homme avec amertume ; si je pleure, c'est parce que j'ai manqué ma caille !

Avouez que voilà un gaillard qui promet !

DU BRACONNAGE

Un journal affirmait dernièrement que les chasseurs se plaignent de la pénurie du poil et de la plume, et, voulant démontrer l'inanité de leurs jérémiades, il leur oppose les quantités considérables de gibier qui arrivent aux halles de Paris ; il en fait les honneurs à l'activité, à l'adresse de braconnage, lequel saurait bien rejoindre ses soi-disant déserteurs, lièvres, perdrix, lapins, etc.

Je suspecte fort les disciples de saint Hubert auprès desquels notre confrère se sera renseigné et qu'il a trouvés si récalcitrants à la bredouille, d'appartenir à catégorie du genre, que nous désignons par le titre de chasseurs de la Vierge Marie. Un Bas de cuir tant soi peu sérieux sait que les destins et les carniers sont changeants, il supporte la mauvaise fortune avec plus de magnanimité. Si, dans un moment d'humeur, il gémit des allures farouches que nous avons nous-mêmes observées chez la perdrix, du moins il n'accuserait pas ce brave oiseau d'avoir manqué, cette année, à la consigne qui lui enjoint de croî-tre et de multiplier, car ce serait contraire à la vérité. Le vrai chasseur ment, quelquefois, il ne calomnie jamais.

Nous avons vérifié la situation de la plupart des variétés d'oiseaux et de quadrupèdes, appelées à l'honneur de figurer dans la carnassière; plus nos excursions se sont succédées et étendues, plus nous avons vu se confirmer nos observations de la première heure. Le lièvre et le faisan nous paraissent les seuls dont la reproduction ait laissé à désirer cette année.

Pour ce qui est des chevaliers du traîneau et de la panetière, nous croyons fermement — et dût la clientèle des grands restaurateurs parisiens s'en scandaliser, nous ne le déplorons pas — nous croyons, disons-nous, que leur récolte de lauriers n'a pas été plus aisément fructueuse que ces expéditions pour lesquelles nous autres, naïfs bourgeois, nous avons la faiblesse de nous conformer scrupuleusement à la légalité. Ce qui nous semble l'indiquer, c'est que, quelques jours à peine après l'ouverture, le gibier arrivait à des prix qu'il n'avait jamais atteints jusqu'ici, qu'il s'y maintenait jusqu'à l'heure où les importations allemandes — toujours en retard sur nous de quelques semaines, — débouchaient sur notre marché en y produisant cette abondance qui a frappé notre confrère ; mais, en y restant, néanmoins, fort distinctes de l'apport indigène, puisque, malgré l'avalanche, notre petit lièvre de plaine continue de se vendre de 8 à 10 fr., tandis que pour 6 fr. on peut mettre un géant du pays des rutabagas en civet. Le Parisien s'y connaît aujourd'hui.

Si nous sommes convaincus que, soit en raison des tendances récalcitrantes des victimes, soit que la surveillance ait été plus rigoureuse, le braconnage s'est trouvé quelque peu en désaroi cette année, nous n'en reconnaîtrons pas moins qu'il n'est rien de plus menaçant pour la conservation que cette élévation excessive de la valeur du gibier ; nous craignons fort qu'il n'accélère son anéantissement.

Elle sera moins redoutable pour la région de l'île de France, — de beaucoup la plus giboyeuse, — que pour les départements plus éloignés.

Ici la propriété a été attaquée avec une telle audace qu'elle a appris à se défendre ; la création de la Société centrale de répression a établi une bienfaisante solidarité entre les intéressés, elle veille avec eux, pour eux au besoin. Le braconnage suburbain a certainement puisé dans les associations une incontestable puissance, mais en état de lutte franche et déclarée contre la loi, il représente une partie de l'armée des malfaiteurs ;

comme tel, ce ne sont plus seulement de pauvres gardes isolés, c'est l'administration qui a l'œil ouvert sur des agissements dont la répression toujours énergique devient sévère au besoin.

La province, au contraire, résiste, en général assez mollement, aux déprédations de ce genre, si effrontées qu'elles deviennent ; elle s'y oppose avec peu d'initiative, encore moins de cohésion ; si elle risque un acte de vigueur, on voit le plus souvent surgir une considération pour décider ou le plaignant ou le tribunal à trop d'indulgence. D'ailleurs là-bas, le braconnier se nomme légion : personne n'avoue et tout le monde pratique cette maraude : c'est le petit fermier, dont toute l'attention semble concentrée sur son attelage, toutes les forces sur les mancherons de sa charrue, mais qui s'en distraira, s'en séparera, si l'occasion s'en présente, pour aller à son fusil caché dans le fossé de son champ ; c'est le berger qui jette aux échos les refrains dolents de quelque chanson rustique, crie sur son chien, houspille ses vaches et, entre temps, garnit soigneusement de collets toutes les coulées des quatre haies de la pièce où ses bêtes pâturent ; c'est le valet de ferme, qui suspend le flic-flac de son fléau, se penche à la lucarne de la grange, écoute le rappel des perdrix en quête d'une chambre à coucher et sourit en songeant au beau coup qu'il va faire, à l'aide d'un chaudron, à nuit close, dans le sillon.

Lorsque le contre-coup de la hausse que nous signalons se sera propagé, étendu jusqu'à cette myriade de braconniers d'occasion, lorsque la perdrix leur représentera une pièce de 3 francs, comme ils disent, le lièvre une autre pièce de 6 francs. ce qui n'est encore qu'une récréation doublement attrayante, fruit défendu, lucre facile, deviendra une véritable guerre d'extermination, soyez-en certains.

HABLEURS ET VANTARDS

On s'égaie volontiers aux dépens de la véracité des chasseurs ; à entendre les médisants, ils ne sauraient ouvrir la bouche sans altérer la vérité, le baron de Münchausen et le chevalier de Crac seraient les véritables patrons de la corporation ; il suffirait de chausser la guêtre de cuir et d'endosser la carnassière pour mériter immédiatement le qualificatif un peu trivial par lequel la langue verte tend à remplacer celui de hâbleur.

Il ne faut jamais vouloir trop prouver ; je ne nierai pas que nous ne cédions quelquefois à la faiblesse, inhérente à la nature humaine, laquelle consiste soit à amplifier nos petits exploits, soit, enfin, à trouver des excuses à notre maladresse ; mais, d'autre part, je ne vois pas trop en ce monde qui peut avoir la langue assez pure de mensonge pour légitimer le haro ! dont chacun nous accable.

Une légère, soyons modérés, altération de la vérité est indispensable à tant de professions, qu'on peut bien la considérer comme une des conditions de la vie sociale : le commerçant qui

vous .fait accepter un rossignol pour une nou-
veauté, le débitant dont toutes les étoffes sont
bon teint, etc., etc. ? Bla... L'industriel qui
raccole des actionnaires ? Bla.... Le candidat qui
promet tant et tant de beurre, qu'on ne voit plus
de pain ? Bla...!

Le journaliste qui ne croit pas un mot des
bourdes que l'esprit de parti le condamne à débiter aux populations, et le médecin, et l'avocat, et
tant d'autres que je passse ? Bla... Ni plus ni
moins que le disciple de saint Hubert, mais avec
infiniment moins de circonstances atténuantes
que celui-ci.

Nos hyperboles sont à peu près les seules
qui ne causent à personne aucun préjudice, le
gibier lui-même, leur objet ordinaire, n'a nullement à en souffrir, et nous avons un titre plus
sérieux encore à beaucoup d'indulgence dans la
bonne grâce avec laquelle nous savons rire du
petit travers que l'on nous prête.

Elzéar Blaze, un écrivain cynégétique trop oublié, car il mérite une place à part pour la verve
intarissable et l'humour de bon aloi qu'il a dé-
pensés dans ses livres, a raconté l'historiette sui-
vante :

A un dîner d'ouverture, un chasseur sujet à
caution, mais qui se méfiait de lui-même, était

convenu avec son domestique que celui-ci le
pousserait légèrement chaque fois qu'il verrait
ses récits se brouiller avec la vraisemblance.
Grâce à l'active intervention du fidèle serviteur,
les choses allèrent, vaille que vaille, jusqu'au moment du dessert, où le conteur entama l'histoire
d'un renard qu'il avait tué l'hiver précédent.

— C'était, dit-il, un animal étonnant, jamais
jusqu'alors je n'en ai vu de cette taille, et je suis
certain de ne point exagérer en nous affirmant
que sa queue seule avait plus de trois mètres !

Ici, le domestique l'ayant touché à l'épaule :

— Vous comprenez, messieurs, que je ne l'ai
point mesurée, peut-être était-ce deux cinquante....

— On prétendrait même qu'elle n'avait que
deux mètres, que je ne m'entêterais pas à soutenir le contraire.....

Mais le domestique continuant de pousser
son maître, ce dernier se leva, et avec un geste
furibond :

— Comment ! s'écria-t-il, tu n'es pas encore
content ? Est-ce que tu prétendrais par hasard
que mon renard n'avait pas de queue ?

On ne saurait, vous le voyez, apporter une
meilleure volonté à s'exécuter soi-même ; Blaze
y avait d'autant plus de mérite qu'après avoir

si agréablement plaisanté de la hâblerie, quelques
pages plus loin il donne le plus sérieusement du
monde dans le défaut professionnel. Ce fut lui
qui eut la chance et la gloire de posséder ce chien
merveilleux qui tranchait l'eau avec sa patte pour
en dégager et y surprendre les émanations du
corps de l'oiseau qui l'avait traversée en na-
geant !

Tous les chasseurs ne prêtent pas des queues
de trois mètres à leurs renards ; le plus grand
nombre dédaignera d'augmenter d'une unité
le nombre des pièces qu'il aura tuées ; mais, où
la sincérité n'est ni aussi générale, ni aussi absolue, c'est dans l'exposé des mêmes circonstances dont s'accompagne ce qu'ils intitulent une
brouette.

Jamais pêcheur n'a manqué que des poissons
du plus gros format, jamais chasseur n'accepte
résolûment la responsabilité de la mauvaise direction que son plomb aura prise ; ce sera le
soleil et ce sera le vent, ce seront les nerfs, le
chapeau, la bretelle du fusil engagée entre les
chiens, ce sera surtout la mauvaise volonté du
perdreau, du lièvre bien coupables de ne pas y
avoir mis plus de complaisance, ce sera tout,
excepté l'adresse du tireur. Il est aussi rare que
le phœnix, celui qui, en pareille occasion, se

décerne la qualification de Mazette simplement, naïvement et sans prétention, car chez d'aucuns l'aveu prend le caractère d'une vanterie; il en est pour y apporter une nuance forfanterie, comme dans la confession de certaines infirmités morales. C'est un bien mince ridicule, si c'en est un, que celui de ne pas mettre au droit; mais quand on est venu à la chasse, c'est pour que la vanité en arrache pied ou ailes; si étroit que soit le théâtre, une infériorité n'y est jamais insignifiante et légère à porter.

J'ai rapporté des Ardennes une légende qui recule singulièrement la tradition de ces légers accrocs à la vérité cynégétique, et qui témoigne, par un exemple venu de haut, qu'ils peuvent devenir une action méritoire.

Le diable rencontra saint Michel sur le Walpurgis, et étant entré en conversation avec lui, celui-ci énumérant avec complaisance les métiers, états et professions qui vouaient presque infailliblement les hommes qui en faisaient partie à la damnation, soldats, musiciens, tailleurs, bateleurs, procureurs, prêteurs d'argent, etc., etc., il lui arriva de citer aussi les chasseurs.

L'Archange ayant demandé avec quelque curiosité quel était le vice qui rendait ces derniers

ses tributaires, et le diable lui ayant répondu :
le mensonge, le premier lui montra dans le loin-
tain un homme somptueusement vêtu, qui était
à la chasse, en lui disant :

— Ce vilain péché, c'est toi qui le commets ;
voici celui que Dieu destine à devenir le patron
de la corporation dont tu parles, ses lèvres n'ont
jamais trahi, elles ne trahiront jamais la vérité !

— Nous verrons bien, répliqua Satan en prenant son vol et suivi par saint Michel, curieux
de voir comment son ex-collègue allait s'y prendre pour mettre ce juste à mal.

Hubert, c'était le chasseur, arrivait l'épieu
levé sur un sanglier que l'un de ses chiens tenait
aux abois ; mais, au moment où ce chien s'élan-
çait pour venir en aide à son maître en coiffant
l'animal, le diable qui l'avait empoigné par la
queue l'arrêta et le retint. Chargé par le sanglier,
Hubert fut culbuté, piétiné, il eut la jambe
décousue d'un coup de défense. Quand la suite
accourut aux bruits de la lutte, elle trouva le
saint tout sanglant et presque évanoui, et, pelo-
tonné à ses pieds, le chien encore terrifié de
l'atroce douleur que l'étreinte de Satan avait
causée à son appendice caudal.

—Ah! Monseigneur ! s'écria le maître piqueur
en relevant le blessé, voyez combien vous avez

eu tort de m'empêcher de pendre ce vieux Galaor ; il n'est plus bon à rien. Loin d'avoir essayé de vous défendre, loin de s'être mis sur la trace de votre ennemi quand il s'est enfui, il est resté à vos pieds, tremblant d'épouvante.

Hubert jeta un regard de compassion sur le chien qui s'était mis à lui lécher la main, et il répondit :

— N'accusez pas le brave Galaor ; il est resté digne de son ancienne renommée. Dans un accès de présomption, que le Seigneur a justement châtiée, j'ai voulu me passer de son secours ; il tenait déjà le sanglier aux écoutes quand je lui ai crié : tout coi ! et, comme il n'obéissait pas, je l'ai frappé de mon épieu pour lui faire lâcher prise !

Le diable riait à se rompre les côtes.

Eh bien ? dit-il à son compagnon.

— Eh bien ? répartit l'Archange, Hubert a menti, mais il a menti pour sauver l'honneur et la vie de son vieux serviteur, et tu le sais mieux que personne, l'intention peut, le cas échéant, sanctifier le péché lui-même !

Satan confondu éclata en malédictions contre les casuistes, mais il ne s'en alla pas moins assez penaud.

Cette généreuse tradition n'a point été perdue, et l'exemple de saint Hubert trouve de nombreux imitateurs. Je vous disais tout à l'heure qu'il était rare que la maladresse du chasseur restât sans excuse, il l'est encore bien plus que ce chasseur se résigne à confesser les imperfections de son chien.

La hâblerie dont nous venons de vous parler comme d'un des apanages des disciples de saint Hubert, il importe de ne pas la confondre avec la vantardise, qui ne s'en rapproche que superficiellement.

Le hâbleur peut être spirituel, il est très souvent amusant; le vantard, qui ne saurait être qu'un sot, est toujours insupportable. Tous deux partent également de ce principe, que la langue a été donnée à l'homme pour altérer la vérité; mais quelle différence dans la manière dont ils l'appliquent! le premier est un poète qui, au lieu de Pégase, enfourche l'hyperbole, — deux chevaux de la même écurie, — il ne croit pas un traître mot des invraisemblances qu'il vous débite et, ne cédant qu'au désir de conquérir vos suffrages en vous étonnant, c'est pour vous plaire, en somme, que son imagination travaille. Le second est un vaniteux possédé de l'amour du haïssable moi; il accepte ses impertinentes prétentions comme autant d'articles de foi, et ne tend jamais qu'à humilier ceux de-

vant lesquels il les affiche; l'un est un rieur sérieux, mais bon enfant, que vous ne saurez vous
empêcher de trouver aimable, tandis que vous
ne fuirez jamais trop soigneusement un fat toujours prêt à vous proposer une promenade sur
le pré, si vous avez la franchise de contester la
supériorité chimérique qu'en toutes choses il
s'attribue.

C'est celui-ci, qui, lorsque devant lui vous
parlerez d'une jolie femme, clignera ses paupières, comme un chat qui boit du lait, frisera sa
moustache, se prêtera en un mot l'attitude du
vainqueur en congratulation intime, tout prêt du
reste à ajouter quelque glose à cette éloquente
pantomime, si elle vous paraissait insuffisante;
Égérie universelle, c'est à lui seul que doit aller
la reconnaissance nationale, lorsque les minis-
tres dont il est nécessairement le familier, se
sont trouvés bien inspirés; si vous le pressez un
peu, il vous racontera comment il a soufflé l'auteur de la pièce, du roman en vogue, aux meilleurs endroits, il dictait, l'autre écrivait; comment tel grand peintre ne réussit à rien quand
il ne l'a pas consulté; comment il a trouvé
une modification ingénieuse sans laquelle les
merveilleuses inventions de M. Eddison ne sauraient jamais fonctionner; comment, si on avait

eu la sage idée de lui confier le commandement
de nos armées, nous serions riches de deux pro-
vinces et de 5 milliards de plus, etc., etc., etc.,
car, ce qui caractérise le vantard, c'est non
seulement de n'être étranger à quoi que ce soit,
mais de ne pas y avoir de rival.

C'est surtout en ce qui concerne les attributions spéciales aux gens du monde, qu'il se
montre jaloux de sa primauté; il excelle aussi
bien dans l'art d'attacher congrument l'épingle
de sa cravate que dans celui de conduire un *four
in hand;* personne ne s'habille, ne se chausse,
ne patine, ne nage, ne monte à cheval, n'attelle,
ne tire, ne relève un défaut comme lui.

Parlez de ce que vous voudrez et d'autres
choses encore, inventez un sport chinois, cochin-
chinois, algonquin, imaginez-en un qui n'ait
jamais existé, il vous apprendra tout de suite
qu'il y est d'une certaine force. Je n'ai point besoin d'ajouter que jamais l'excuse ne lui manque
lorsque le hasard le met en demeure de justifier
de ses petits talents.

Ne croyez pas que j'exagère; les échantillons
de cette variété désagréable de notre espèce
sont loin d'être rares. Pour mon compte, j'en
sais un dont la suffisance, récemment et rudement corrigée, a survécu à la leçon.

Deux membres de son cercle causaient à demi-voix, il entend ce lambeau de phrase au moment où il s'approche :

— Croyez-vous qu'il soit possible de mieux réussir à être...

— A être quoi ? dit-il avec son aplomb ordinaire ; j'ignore ce dont il est question, et cependant je parie cinquante louis que je fais aussi bien que la personne dont vous parlez.

— Vous avez gagné, lui répond le causeur exaspéré par ce nouveau témoignage d'impudence : cette personne c'était vous, et j'allais ajouter : assommant !

On se battit, et malgré sa force nécessairement superlative, ce fut le vantard qui fut blessé.

Comme le chirurgien, penché sur lui, après avoir sondé sa blessure, le rassurait sur ses conséquences.

— Oh ! je suis bien tranquille, répondit l'impénitent ; car il n'y a personne au monde pour recevoir un coup d'épée aussi adroitement que moi !

Le même avait entraîné à sa salle d'armes le peintre Montjoye, qui n'avait jamais manié un fleuret et auquel il se proposait de fournir une haute opinion de son habileté à l'escrime en le boutonnant à merci et miséricorde. Les choses tournèrent exactement comme dans la rencontre ci-dessus. A peine en garde, Montjoye se fendant sur une inconsciente quarte basse, toucha son adversaire au creux de l'estomac. Immédiatement l'artiste salue et commence à dépouiller le plastron dont on l'avait affublé. L'autre, dont ce dénoûment dès l'exorde ne faisait pas le compte, insiste pour qu'on recommence.

— Jamais, lui répond imperturbablement Montjoye, si ce fleuret avait été une épée, il est clair que vous ne seriez plus de ce monde; cela me suffit; je n'ai pas l'habitude de m'acharner sur les cadavres.

Et il s'en alla en le laissant tout penaud.

PAYSANS CHASSEURS

L'Anglais chasse pour chasser, l'Allemand pour
récolter ses rutabagas sous la forme d'un lièvre,
le Russe, pour imiter les autres peuples civilisés,
le Français chasse pour se distinguer d'un certain nombre de ses compatriotes. La vanité joue
un rôle considérable dans l'immense développement affecté depuis quelques années par la
vocation cynégétique. Son titre de plaisir aristocratique par excellence a recruté de nombreux
prosélytes à ce sport, — une distraction dispen-
dieuse, qui accuse nettement une situation
financière des plus florissantes. On peut dire du
chasseur, qu'il n'est pas plus heureux par le
gibier qu'il tue, que par l'impossibilité où se
trouve son meilleur ami d'en tuer comme lui.

Ces satisfactions subsidiaires jouent un rôle si
considérable dans la passion de chasse qui
affecte nos concitoyens, que ce sont précisément
nos contrées les moins giboyeuses, celles où,
suivant Dumas, il faut se décider à fusiller le
moyen gibier, hannetons et sauterelles, si on
tient à ne pas rentrer bredouille, que les disciples
de saint Hubert se montrent les plus multipliés

et les plus fanatiques. Les permis de chasse ont produit, en 1873, dans le Var, 138,225 francs ; 152,640 francs dans les Bouches-du-Rhône, et, enfin, 169,625 francs dans l'Hérault. De tous les autres départements, un seul, Seine-et-Oise, dépasse ces chiffres ; pas un autre ne les atteint.

Nos paysans chasseurs, en revanche, ne se sustentent pas du tout de cette viande creuse. Sans doute, dans la chasse ils recherchent un peu la satisfaction de cet instinct de conquêtes aventureuses, qui, dans notre civilisation, n'a plus d'autre exutoire ; mais, si à leurs yeux elle affecte une certaine idéalité qui les charme, c'est parce que, seule, elle résout le difficile problème d'être à la fois un plaisir et une affaire, de leur procurer du même coup quelques pièces de cent sous, et, comme ils disent, beaucoup d'agrément. Aussi, lorsque la passion trouve moyen de mordre dans ce cœur ordinairement blindé contre toutes les séductions frivoles, sous la double influence du démon de la chasse et de l'âpre soif du gain, ce paysan devient, de tous les Nemrods, le plus forcené, et il peut seul fournir un pendant au type immortel créé par Fenimore Cooper.

J'ai connu un de ces Bas-de-cuir pour de bon. C'était un fermier de mon voisinage, jambé en

compas, grand, sec, osseux comme un homme
soumis à des suées continues, mais ayant aussi
la vigueur excessive que procure le régime de
l'entraînement, et avec cela, dévoré du feu sacré.
Cet homme ne vivait que pour la chasse ; pendant cinq mois de l'année, son fusil et sa carnassière semblaient soudés à son épaule. Les malins
du village prétendaient que, même dans son
sommeil, il ne s'en séparait pas. Parfaitement
insensible aux intempéries atmosphériques, il
partait tous les matins avant le jour, parcourait
d'une course fiévreuse des espaces énormes, et
rentrait chaque soir pliant sous le poids du
gibier, mais songeant déjà à celui qu'il tuerait
le lendemain.

Pendant cette période, c'était à peine s'il
paraissait sur un ou deux marchés, s'il donnait
un coup d'œil à ses labours et à ses semailles, et
les petits profits qu'il trouvait dans la vente de
ses victimes étaient loin de compenser les conséquences de cette incurie. Heureusement pour
mon voisin, qui allait grand train à sa ruine, le
ciel lui avait donné un fils intelligent et bien doué
qui, comprenant qu'il prêcherait inutilement la
modération à M. son père, se mit, dès l'âge de
seize ans, à la tête de l'exploitation, et la fit marcher à souhait.

Un jour je rencontrai le fermier dans la plaine ; par extraordinaire, son fils s'était décidé à l'accompagner. Comme nous traversions des emblavures qui lui appartenaient, et qui étaient magnifiques, j'en profitai pour lui adresser quelques compliments sur les très sérieux mérites dont son garçon faisait preuve.

— Oui, me répondit-il, avec une humeur nuancée de quelque dédain, il est gentil, sage comme une fillette, et fin laboureur ; il jase aussi comme un avocat, mais, tout de même, ça n'est pas ça !

Et comme je le regardais avec stupeur, il continua en baissant la voix :

— Croyez-vous que ce matin il a fallu que je me fâche pour le décider à venir avec moi ? Tenez, c'est à peine si nous avons fait cinq à six pauvres lieues, regardez comme il traîne la jambe. Et si vous le voyez tirer ! Un éléphant sortirait de sa culotte qu'il trouverait moyen de le manquer. Ah ! j'avais espéré mieux de lui, mon cher monsieur, ajoutait-il avec un énorme soupir. Ils ont bien raison ceux qui prétendent que, lorsqu'on souhaite des enfants, on ne sait pas ce qu'on désire.

Il avait à peine achevé qu'un lièvre se leva à côté du jeune homme, qui marchait à une qua-

rantaine de pas devant nous. Au lieu de prendre
le large, l'animal venait droit dans notre direction ; le fils s'était retourné, hésitant.

— Mais tire donc, imbécile ! lui cria son père.

Mes cheveux se dressèrent sur ma tête ; le
garçon avait obéi, et les yeux béants du fusil
nous menaçaient. Je n'eus pas le temps de faire
de longues réflexions, l'explosion retentit et je
vis le père et le lièvre exécuter le plus beau
manchon en partie double dont jamais j'aie été
témoin. Je courus au bonhomme, et je l'aidai à
se mettre sur son séant.

— Vous êtes blessé ? lui demandai-je.

- J'ai du plomb plein les jambes, répondit-il,
en frottant les parties endommagées ; mais c'est
égal, il l'a joliment roulé ; arrive ici, toi, que je
t'embrasse !

LA SAINT-HUBERT

Nous nous garderons bien de rééditer, à propos de la Saint-Hubert, la légende fameuse de la messe de Chantilly, que, par les temps de chômage politique, la presse du grand format dédaigne rarement de faire figurer dans ses graves colonnes.

Nous serons même assez généreux pour prévenir les reporters qui dans les alentours du 3 novembre seraient tentés de se mettre cette actualité sous la dent qu'elle est, aujourd'hui absolument déflorée. L'année dernière un affamé en fit ventre dès le 1er septembre, en écrivant dans sa feuille que, dans les châteaux princiers (*sic*), il était d'usage de préluder à l'ouverture de la chasse par une messe solennelle à laquelle piqueurs et chiens assistaient, et qui avait pour but d'appeler les bénédictions du ciel sur leurs travaux ! Naturellement comme les hommes d'état des autres gazettes faisaient profession de dédaigner de pareilles fadaises, ce fait divers intempestif fut généralement recueilli.

Un autre journaliste fit mieux encore, il y a six ans. Celui-là était un spécialiste chargé de

tenir la cliéntèle d'un journal quotidien au
courant des choses du sport. La Saint-Hubert
arrivait pour lui comme mars en carême, il y
avait cent cinquante bonnes lignes de copie dans
ce nom vénéré. Dégaînant sa bonne plume, il
raconta comment, l'année précédente, il avait
fêté l'apôtre des Ardennes, au château de X...,
en Champagne; comme quoi, lorsque cet excellent abbé J..., un abbé cynégétique, cela va de
soi, — eut dit la messe des chiens, on avait attaqué
un cerf, détourné par ce même abbé; comment
ce cerf avait été mené de meute à mort à l'hallali
par l'admirable meute de son hôte et ami le
comte de ***; le festin de rigueur, les femmes
charmantes, les toasts, rien n'y manquait, et le
tout orné des : Tayaut! tayaut! dont se saupou-
drent ces sortes de dithyrambes.

Malheureusement, on était en 1871, ce qui
reportait à 1870 la date de la petite fête. Or, à
cette époque néfaste, le comte de *** — si le
comte de *** il y avait, — devait être immatriculé
aux zouaves pontificaux, cet excellent abbé J...
figurer aux ambulances, et les Prussiens occuper
le château de X..., comme le reste! il fallut le
lendemain se justifier par un erratum et rejeter
l'erreur sur l'étourderie du compositeur.

Ces pauvres compositeurs ont vraiment bon

dos, et ces errata sont d'une élasticité qu'on ne soupçonne guère.

Un acteur avait été sifflé, ce qui n'a rien d'extraordinaire ; mais la feuille de théâtre dont cet artiste était le plus fidéle abonné, avait enregistré son désastre et cela bouleversait toutes les tradi-tions. Eploré, le malheureux s'en va trouver le directeur du journal en question, lui expose piteusement sa douleur, sans trop oser lui reprocher sa trahison. — Bast ! reprend l'autre, vous êtes bien enfant de vous tourmenter de si peu ; dans le prochain numéro nous écrirons : C'est une faute d'impression ; au lieu de, outrageusement conspué, il faut lire chaleureusement applaudi!

Et il fut fait comme il avait été dit.

Au jour de la Saint-Hubert tous les équipages se font un devoir de donner, pour fêter le plus dignement possible notre illustre patron ; néan-moins, et malgré le beau temps et la faveur spé-ciale dont il devrait nous couvrir en ce jour solen-nel, il arrive presque toujours que l'on sonne plus de retraites manquées que de retraites prises.

L'heure de la chasse aux chiens courants n'est point encore venue. Elle doit se conten-ter de peloter, sans prétendre engager de partie sérieuse. Il y a mieux, si comme cela arrive sou-vent à cette époque les gelées blanches des dernières matinées ont été intenses, la quinzaine qui suit devient encore plus défavorable. Quand les feuilles tombent, le courre est toujours très hasardeux en forêt ; les défauts se multiplient même sur les voies chaudes, telles que celles du cerf, du sanglier, du renard, et comme les mêmes causes entravent le revoir, on ne les relève pas toujours aisément.

Plus tard encore, lorsque ces feuilles ont cesse de pleuvoir, mais qu'elles roulent sous les pieds de l'animal, il faut s'attendre, au bois, à quelques déconvenues ; on ne chasse vraiment dans de parfaites conditions que lorsque les gelées ont soudé les unes aux autres les innombrables pièces du fauve tapis, lorsque la feuille sera collée, comme disent les piqueurs, et encore si la neige et le verglas veulent bien le permettre. On voit par ces détails combien on a raison de repousser l'unité des clôtures de la chasse à courre et de la chasse à tir.

En plaine, en terrain mixte, théâtres ordinaires des exploits de petite vénerie, c'est une autre affaire : la voie peut être excellente dès le mois d'octobre, elle peut aussi être mauvaise, comme cela arrive, paraît-il, cette année.

Il ne faut pas accepter les proverbes cynégé- tiques que sous bénéfice d'inventaire ; en voici un dans lequel je ne vous engagerai point à avoir une foi de charbonnier :.

Vent du Midi,
Les chiens au chenil ;
Vent du Nord
Tous chiens dehors.

L'aphorisme n'a pas toujours tort, sans doute, mais il n'a raison que dans une certaine mesure, et il est bien loin de justifier des conclusions aussi absolues. Si le soleil est ardent et mange la voie, comme disent les praticiens, si le vent est impétueux, vînt-il directement, et des joues mêmes de Borée, il n'est pas moins fort possible que vous en soyez pour vos bottes crottées et vos chiens pour leurs abois.

Ayant pratiqué la chasse du loup et celle du lièvre à forcer, les deux voies légères par excellence, pendant un assez bon nombre d'années, je me suis toujours congratulé lorsque la température avait été douce et légèrement humide avec un vent soufflant faiblement de l'est. Telles se caractérisaient généralement les journées de prises ou de belles menées.

Maintenant, et j'espère trouver quelques veneurs de mon avis, il me paraît bien difficile d'établir des règles positives sur les conditions atmosphériques, dans lesquelles l'odorat du chien s'exerce avec le plus d'avantage, car il n'en serait peut-être pas une seule à laquelle on ne puisse opposer au moins un fait contradictoire.

Je présume, car dans une question aussi ténébreuse, qu'il ne peut s'agir que de présomptions, que le succès dépend principalement de l'état thermométrique du sol, c'est-à-dire du rapport de la température avec celle de l'atmosphère.

Plus chaude que l'air ambiant, la terre retient plus difficilement, volatilise plus rapidement les émanations que le pied de l'animal y dépose en la foulant.

Plus froide que l'atmosphère, elle capte plus complètement ces esprits et s'en dessaisit également moins vite.

Ce serait là le secret de la réussite presque constante de ces courres du printemps, contre lesquels s'acharnent les envieux.

J'ai connu un baron de R... qui avait tenu à ressusciter la cérémonie traditionnelle dans toute sa splendeur et dans toute son originalité. Il s'était donc adressé à son curé pour avoir sa messe de Saint-Hubert, mais celui-ci, peu au courant des anciennes coutumes, s'effarouchant de la présence d'un troupeau de chiens dans le lieu saint, avait fait quelques difficultés pour

accéder à la demande. A force d'éloquence, le
baron avait triomphé de ces scrupules et il en
avait été si satisfait qu'il avait spontanément
promis au bon prêtre de lui faire hommage du
premier animal qui serait porté bas devant la
meute quand il l'aurait bénie.

Au 3 novembre, chacun était à son poste, le
prêtre à l'autel, le baron et ses amis dans le
chœur, la meute sous le porche, — une réserve
que le curé avait mise à sa condescendance. —
Pendant la plus grande partie du saint sacrifice,
tout marcha à souhait ; la fraction canine de
l'assistance ne semblait pas la moins recueillie ;
l'office touchait à sa fin, lorsqu'un chat mal avisé
vint flâner de ce côté de l'auditoire ; un chien, qui
le guignait du coin de l'œil, s'élança, entraînant
son compagnon : toute la meute suivit, malgré
les rappels et les coups de fouet, et se mit en
chasse. Malheureusement, soit qu'il eût perdu la
tête, soit qu'il se souvînt qu'il avait un lieu
d'asile à sa portée, le chat se réfugia dans l'é-
glise, et ce fut au milieu de la nef qu'eut lieu
l'hallali.

Le célébrant en était au *Pater*, il venait de prononcer les paroles sacramentelles : *Panem nos-
trum quotidianum*, il ajouta :

— Monsieur le baron, faites que le chat ne

compte pas, je vous en prie, car je ne saurais en manger!

Puis il reprit : *Et dimitte nobis debita nostra.*

Ce fut la première et la dernière messe de Saint-Hubert, que lui demanda son noble paroissien.

LES MESSAGERS DE L'HIVER

Parmi les augures emplumés il en est un dont les précoces rigueurs de temps trouvent rarement l'instinct en défaut, c'est le motteux. En octobre quand vous l'apercevrez sautillant sur la crête des sillons des guérets, sa présence ne vous dira rien de bon.

Le motteux cendré ou vitrec partage avec le chevalier bécasseau un surnom caractéristique, qui, comme beaucoup de sobriquets, a le mérite d'être un portrait du personnage. Ce sobriquet est si superlativement shoking que nous hésitons à l'écrire ; une Anglaise affronterait certainement les plus cruels supplices plutôt que de se décider à le prononcer. Il a cependant pour lui d'avoir été illustré par l'institution la plus célèbre de la grande révolution, par la garde nationale.

Les citoyens qui en faisaient partie portant alors des culottes blanches comme le béca seau et comme le motteux, les *Actes des Apôtres* les avaient, comme eux également, baptisés du nom de culs-blancs, et l'épithète envoya un homme à la mort.

Le vieux duc d'E..., ayant été traduit devant le tribunal révolutionnaire pour sa participation à la résistance des Tuileries, trouva les juges favorablement disposés en sa faveur ; ce n'é-taient pas encore les solides d'Hermann. Le président désirant faciliter au prévenu le moyen de se ménager un alibi, lui demanda avec une certaine bienveillance : Où étiez-vous le 10 août ? — Je chassais les culs-blancs autour de la rivière, répondit le vénérable gentilhomme qui voulait bien devoir la vie à une équivoque, mais non pas à un mensonge, — Malheureusement la notoriété de l'appellation était patente, il fut condamné.

Le départ et l'arrivée des hôtes ailés qui se succèdent dans nos contrées tempérées, pourrait au besoin servir de calendrier, ils marquent plus fidèlement que l'almanach les diverses phases de la succession des saisons.

Le premier qui nous a quittés est le plus puissant rameur, le plus fin voilier de ces navigateurs aériens, le martinet. Pour se montrer aussi hâté, il faut ou qu'il soit affligé d'un tempérament bien frileux, ou qu'il ait à accomplir un trajet plus considérable que les autres ; dès le 10 août il avait disparu. Derrière lui se sont succédé et pressés les moucherolles, fauvettes, ros-

signols, traquets, tariers et becs-figues, voyageurs de petit vol, imparfaitement outillés, qui
cheminent par étapes, comme nous faisions
nous-mêmes au beau temps de la diligence ;
avec eux les pies-grièches, les huppes, les cou-
cous, les loriots et autres touristes de plus d'importance. La mi-septembre, quand elle arrive, ne
trouve plus chez nous ces amoureux du soleil.

Les cailles se mettent en route à leur tour ;
plus sûrs de la rapidité de leurs traversées, les
tourterelles, les pigeons ramiers indigènes sont
encore deux ou trois semaines avant de s'ébran-
ler. Quand ils sont partis, la plaine et les bois, le
coteau et la vallée restent déserts et inhabités.
Seuls, les alentours de nos maisons ont conservé leur pensionnaire de l'été, l'hirondelle, de
toutes la plus aimable et la plus aimée ; tant
qu'elle trouve un moucheron à glaner dans les
airs, elle demeure, elle nous quitte la dernière,
comme à regret.

Mais les vides de l'hôtellerie sont bientôt com-
blés par de nouveaux émigrants. Ceux-ci descendent du Nord, d'où ils nous viennent, comme les
précédents s'en sont allés de nos régions, chas-
sés les uns et les autres par le besoin de température plus clémente. Quelques-uns, satisfaits du
gîte, séjourneront dans nos contrées, d'autres ne

feront que les traverser : ce sont parmi les premiers les baccivores, grives, mauvis, draines, litornes, étourneaux, qui prennent possession de nos vignes et de nos prairies ; puis les épais et noirs bataillons des freux et des corneilles. Dans les premiers jours d'octobre, de plus aimables visiteuses, la bécasse et la bécassine, auront paru dans nos bois et dans nos marais, et à ce moment aussi, ce qui est grèves, falaises, lais de mer, étangs et marécages d'eaux douces, se transformera en caravansérail où toutes les innombrables tribus des échassiers se trouvent représentées ; les gros bonnets du genre, grues et cigognes, passent et passent vite en nous jetant du haut des airs leurs cris stridents, glas définitif des jours de deuil.

Ce sera aux palmipèdes qu'il appartiendra de nous annoncer que ces jours sont venus. Quand le matin vous aurez signalé quelques-uns de leurs triangles corrects sous la voûte brumeuse, quand en même temps la voix du geai se fera entendre auprès de l'habitation, il faut vous approvisionner de patience et de bois sec, vous attendre à grelotter le lendemain au coin de l'âtre, avec les âpres sifflements du vent dans les branches, les grincements de la girouette pour musique, et pour spectacle la sarabande des flocons de neige sur les carreaux. Les hérauts de l'hiver, de l'hiver sérieux, désobligeant, ce sont les canards sauvages. Il y aurait là de légitimes motifs pour les prendre en aversion, si l'agréable figure qu'ils font dans un salmis ne plaidait pas les circonstances atténuantes.

LA PERDRIX

Au double point de vue de la chasse et de la cuisine, la perdrix est un des dons les plus gracieux que nous avons reçus de la Providence. A la broche, comme dans la plaine, nul gibier ne saurait lui être comparé.

Le faisan est un rôti scientifique ; il entre pas mal de chimie dans ses perfections, et la chimie n'est pas du goût de tous les palais, encore moins de tous les odorats. Est-il beaucoup des amateurs exaltés de ce rôti qui s'engageraient à manger pendant quinze jours successifs du faisan arrivé à ce que Brillat-Savarin dénomme son infocation? La bécasse, la bécassine, sont encore des chairs éminemment distinguées, mais elles constituent encore des exceptions dont le charme s'atténuerait par de trop fréquentes expérimentations. Seule entre tous les gibiers du poil et de la plume, la perdrix peut se montrer sur nos tables tous les jours et dans les mêmes conditions, sans être exposée à l'humiliation de rencontrer des estomacs blasés ou indifférents. Parmi ceux qui se sont occupés d'elle, il ne se rencontre que deux

médisants : Hippocrate et le docteur Pedro Recio
de Aguero, médecin ordinaire du gouverneur de
l'île de Barataria, et encore l'un des deux au
moins était-il un calomniateur.

C'est surtout aux chasseurs que la perdrix est
précieuse ! rien ne la remplace dans un tiré, rien
ne dédommage de son absence, ni le lièvre, ni le
lapin, ni le faisan. C'est dans sa quête, dans sa
menée, dans son arrêt, que se forment les chiens
d'élite. Elle les habitue à demander à la brise ses
émanations révélatrices ; elle leur apprend la
prudence, la sagesse, la solidité ; lorsque l'animal
et son maître ont pratiqué de compagnie cette
chasse de la perdrix, la communion entre l'un
et l'autre est consommée, on voit se développer
chez le premier cet instinct indéfinissable qui
l'initie à des volontés que la parole et les gestes
n'ont cependant pas traduites.

Le brusque départ d'une compagnie de perdrix,
le bruit tumultueux de toutes ces ailes s'ouvrant
à la fois, ont été, pour chacun de nous, la source
de nos émotions les plus vives, et ces émotions
ce sont encore les plus multipliées, les plus fréquentes. La variété de ses défenses, la diversité
qu'affecte son essor suivant les accidents du terrain où elle se lève, ne laissent point de prise à
la monotonie. Nul gibier n'offre aussi souvent

qu'elle l'occasion d'exécuter le plus intéressant
et le plus brillant des coups de fusil, le coup
double ; enfin, à l'arrière-saison, lorsque, levée
par les rabatteurs, elle passe rapide comme une
flèche sur la tête des tireurs, si, l'un deux l'ayant
arrêtée dans son vol, elle tombe sans avoir la
force de replier ses ailes, elle lui aura servi à
témoigner d'une adresse qui fait toujours des
envieux.

On est assez généralement disposé à admettre
qu'au temps où les perdrix grises ne devaient
compter qu'avec les oiseaux de vol, l'arc et l'ar-
balète, elles devaient être beaucoup plus nombreuses qu'elles ne le sont aujourd'hui. C'est une
erreur. Cette perdrix est un parasite de la civilisation. Les anciens ne connaissaient que la perdrix
rouge. Athénée le Cilicien, qui vivait du temps
de Pline, s'étonne d'avoir vu en Italie des perdrix
qui n'avaient point le bec rouge comme les perdrix de la Grèce. Pline lui-même désigne la
perdrix grise sous le nom d'*avis nova* ; il fixe la
date de son apparition à une époque très rappro-
chée du temps où il vivait.

Concentrée sur quelque point ignoré de l'Orient,
sur les bords de la mer Noire probablement, la
perdrix grise, toujours en quête des climats doux
et tempérés, des plaines cultivées qui sont ses

milieux de prédilection s'est avancée vers l'occi-
dent, pas à pas, derrière la charrue. L'homme
ouvrait un sillon, et quand arrivait l'heure de la
moisson, il se trouvait que le champ comptait
des hôtes de plus, les perdrix qui étaient venues
chercher dans les tiges douces et flexibles un
abri pour leurs amours et dans l'épi un aliment.

Ce fut sans doute ainsi qu'elles gagnèrent les
plaines de la haute Italie, où l'agriculture était
florissante du temps de Pline et d'où elles se ré-
pandirent dans le reste de l'Europe.

« Aldovrande, dit Buffon, jugeant des autres
pays par celui qu'il habitait, affirme que les perdrix grises sont partout très communes. Aldovrande écrivait ceci à Bologne vers 1560 ; il n'y
avait cependant pas plus d'un siècle qu'elles
étaient naturalisées en France, apportées en
Provence par le roi Réné, dit une chronique ;
amenées, selon d'autres écrivains, par cette même
force d'extension qui les avait conduites en Italie.»
Cette dernière version a les probabilités pour
elle, car dans son livre *De la nature des oiseaux*,
imprimé en 1555, Belon la représente comme
étant « vulgaire en tous lieux ». Il ne semble pas
cependant que sa multiplication ait été excessive, car d'une part, dans une de ses lettres, le
roi Henri IV faisant hommage de la moitié du

produit de sa chasse à la Gabrielle de ses pen-
sées, cette moitié dont il parle avec une emphase
bien naturelle chez un chasseur qui se doublait
d'un Gascon, se composait de quatre perdrix ; le
dernier de ses descendants qui ait habité les Tuileries ne se serait certainement pas enthou-
siasmé à si bon marché; d'autre part enfin, le
seigneur d'Esparron, en 1640, se plaint de la
rareté des perdrix dans les environs de Paris,
où « elles sont si peu fréquentes en hyver que le
roy est excusable de préférer le vol de la corneille. »

La fin du dernier siècle, les premières années
qui suivirent notre tourmente révolutionnaire,
furent très vraisemblablement les périodes où
l'abondance de cet oiseau fut à son apogée ; les
progrès de l'agriculture favorisaient sa propagation, le petit nombre des chasseurs, l'imperfec-
tion des engins de destruction ne l'entravaient
pas encore.

Depuis une date que l'on peut faire remonter
à 1830, les armes s'étant singulièrement perfec-
tionnées, l'armée des chasseurs ayant pris des
proportions décuples, et le braconnage s'étant
formidablement organisé, l'espèce est entrée
dans une phase de décroissance, facilement appréciée par nos contemporains; elle diminue.

Néanmoins, la résistance qu'elle oppose à ces trois causes de destruction témoigne de la puissance de sa vitalité, et nous permet de nous figurer ce que serait sa prospérité, si la dernière de ces causes, la plus intense et plus redoutable, pouvait être supprimée.

Elle nous fournit encore un autre enseignement.

Il y a, parmi les écrivains de la chasse, une école bruyante, mais assez circonscrite, qui a proclamé l'incompatibilité radicale du gibier et des progrès de l'agriculture. Suivant elle, les animaux, les oiseaux sauvages, seraient fatalement amenés à disparaître à mesure que les landes, les bruyères, les friches, s'effaceront pour faire place aux moissons et que celles-ci arriveront aux gros rendements sous l'influence des méthodes nouvelles. En même temps versant dans l'utopie, et pour tempérer l'amertume de leur prophétie, ils nous prêchent le ralliement des condamnés, ils nous engagent à les domestiquer pour ne point les perdre, ils nous montrent nos basses-cours peuplées de cailles, de colins, de perdrix, de faisans, ils donnent des lièvres, des chevreuils, des cerfs même pour pensionnaires à nos clapiers, à nos étables, et les uns et les autres, nous les cueillerons tour à tour, lorsque

nous les jugerons à point, sans peine et sans tapage, sans chien et surtout sans fusil !

La pastorale est charmante, mais au moins en
ce qui concerne la perdrix grise, les faits lui in-
fligent un catégorique démenti. Nous vous l'a-
vons montrée tenant le milieu entre les oiseaux
de la grande sauvagerie et les domestiques suivant le pionnier dans ses conquêtes sur la nature
primitive, apparaissant à mesure que les chênes
monstrueux, les hêtres gigantesques tombant
sous la hache de celui-ci, la forêt devenait un
champ ; elle est restée, elle restera fidèle à cet
instinct primordial de son espèce. Oiseau des
moissons, non-seulement elle n'a pas été créée
pour peupler les solitudes arides et improduc-
tives, mais la richesse, l'abondance de la récolte
exercent sur sa multiplication une incontestable
et heureuse influence ; loin de la menacer, les
progrès agricoles sont essentiellement favorables
à sa pullulation.

Ce qui le démontre, c'est que les pays à cultures intensives et à gros rendements, la Flandre,
l'Artois, la Picardie, la Brie, la Beauce, etc., sont
précisément ceux où la perdrix grise est le plus
largement représentée, tandis qu'elle n'existe,
pour ainsi dire, qu'à l'état d'échantillons dans
les contrées où l'agriculture reste en arrière, où

les landes, les bruyères, les bois, les marécages occupent encore une large part du sol.

Nous pouvons donc nous rassurer : si la division des héritages, le nombre toujours croissant des chasseurs, les méfaits de plus en plus audadieux du grand braconnage et la généralisation du petit, parviennent à effacer le lièvre, le plus menacé du nombre de nos animaux sauvages indigènes, et à anéantir le dernier des fauves, la perdrix grise subsistera, prête à nous fournir une compensation sérieuse, le jour où nous nous déciderons à protéger sa propagation.

La variété de perdrix grises que Buffon et les chasseurs appellent la Roquette, et que Latham désigne sous le nom de *perdrix damascena*, existe-t-elle réellement ? La question a été négativement tranchée l'année dernière, dans un journal spécial, par un écrivain d'un grand savoir et d'une profonde expérience, M. de la Rue ; mais, dans cette circonstance, la dénégation ne nous semble pas moins hasardée.

Quel est le chasseur qui, dans le mois d'octobre, alors que les compagnies n'offrent plus le superbe ensemble du commencement du septembre, n'a été surpris par le brusque départ d'un vol de perdrix si nombreux, si compact qu'il n'en pouvait croire ses yeux ? Cela m'est ar-

rivé à moi-même. J'ai également eu plusieurs
fois la chance d'abattre une de ces inconnues,
je me suis vu dans les mains un oiseau, plus
petit que notre perdrix grise ordinaire, plus
rond de forme, plus ramassé d'encolure, dont
les traits bruns du plumage étaient plus accen-
tués, plus nettement tracés et me reportant par
la mémoire aux exemplaires que j'avais vus au
Muséum, je les ai bravement acceptés pour des
roquettes.

Avec des faits aussi précis dans sa mémoire, il
est difficile d'admettre que l'on a été le jouet
d'une illusion, vous l'avouerez.

Mon confrère prétend, il est vrai, que ce vol si
nombreux dont, jusqu'alors, on n'avait pas soupçonné la présence, résulte tout simplement du
groupement d'un certain nombre des compagnies
décimées ; si simple que soit l'explication, elle
ne fournit pas le mot de la petitesse relative de
ces oiseaux ; mais il y a mieux à lui répondre :
Ces étrangères, je les ai poursuivies avec acharnement ; exceptionnellement farouches le plus
souvent, elles se relevaient hors portée ; en revanche, le lendemain, lorsque je recommençais
ma quête, jamais je ne les retrouvais. En aurait-
il été ainsi, s'il s'était agi d'une agrégation for-
tuite de perdrix indigènes et pourquoi n'aurait-

elle pas subsisté les jours suivants ? Pour la différence du volume, l'écrivain en question se ralliant à une opinion émise par Temminck, l'attribue à une nourriture moins abondante. La raison est effectivement très-plausible, mais elle n'infirme nullement les habitudes migratives que nous prêtons à la roquette. Si, effectivement, une alimentation moins facile, moins largement distribuée, suffisait à déterminer ces différences de taille dans l'espèce sédentaire, nous tuerions de ces petites perdrix à l'ouverture : ce qui n'a pas lieu.

Quoi qu'il en soit, si nous sommes bien certains de n'avoir pas rêvé la roquette, nous n'en reconnaissons pas moins que son histoire naturelle est des plus ténébreuses et que ces apparitions ne constituent aucunement des migrations proprement dites. Buffon avance qu'elle passe, chaque année, en Artois, par grandes troupes ; que quelques-unes viennent y nicher, et recherchent les points les plus élevés ; que leur ponte est de treize à quatorze œufs, moins gros, plus allongés que ceux de la perdrix ordinaire. J'en ai parlé à quelques propriétaires artésiens ; ils m'ont répondu qu'effectivement, en automne, ils voyaient assez fréquemment des vols de roquettes, mais que jamais ils n'avaient entendu dire qu'elles fissent leur ponte dans leur pays.

M. Hardy écrit qu'il a trouvé la petite perdrix grise en Vendée, dans les lieux où les vaches et les moutons présentent eux-mêmes un moindre développement de taille. J'ai été également frappé de la ressemblance que présente la perdrix bretonne avec les roquettes que j'avais tuées. Peut-être est-ce à l'Ouest qu'il faut chercher le point de départ de ces voyageuses? peut-être leur humeur nomade se rattache-t-elle à cette tendance de l'espèce à gagner les contrées où la table est le plus plantureusement servie?

Lorsque la douceur et l'humidité de la température du printemps ont favorisé la végétation des prairies artificielles, ce sont trop souvent ces prairies que les perdrix choisissent pour établir leur nid, et la fauchaison précédant toujours l'éclosion des œufs de deux ou trois semaines, ces premières couvées sont détruites. Le brave oiseau, en pareil cas, ne renonce pas à l'espoir d'élever une famille ; le couple se remet à l'œuvre un peu plus loin, la mère couve une seconde fois, et produit ce que les chasseurs appellent un *recoquage*. Quand arrivent septembre et l'ouverture de la chasse, les perdreaux en recoquage sont fort en arrière des camarades ; les plus avancés ne sont pas maillés, les autres volent à peine, et un chasseur qui se respecte se garde bien de faire à ces nourrissons, les honneurs de son coup de fusil ; ce qui ne m'a pas empêché de remarquer que ces compagnies de *pouillards*, c'est le mot consacré, disparaissaient absolument après quelques jours, et autorisé à en conclure que le nombre des chasseurs qui ne se respectent pas est plus considérable qu'on ne suppose.

J'avais un ami, homme grave, qui prenait très au sérieux sa mission de grand chasseur devant l'Éternel. Un jour, et hélas ! en présence de quelques témoins, il fut l'une des deux victimes d'un accident de ce genre. L'autre, un embryon de perdreau encore couvert de la livrée du premier âge, avait toutes sortes de bonnes raisons pour ne pas se plaindre ; mais le meurtrier contemplait le petit cadavre qu'il venait de faire avec une physionomie si consternée que nos rires firent place à quelque inquiétude ; elle augmenta lorsque nous l'entendîmes s'écrier d'un accent tragique.

— Je viens de commettre une infamie, Messieurs, mais soyez tranquilles, le châtiment ne se fera pas attendre. Nous nous précipitâmes à l'envi craignant que ce fanatique du point d'honneur cynégétique ne méditât quelque dénoû

ment dans le genre de celui qui a illustré Vatel,
mais il nous arrêta d'un geste et, plaçant le
défunt dans son carnier :

— Ce sera bien pis, ajouta-t-il, je me condamne à le manger.

DISTRACTION D'UN CORDON BLEU

La tiède température des derniers jours de la période autorisée a été fatale aux perdrix, qui depuis quelque temps déjà étaient accouplées. Absorbées par les préludes de leurs amours, se croyant revenues à l'âge d'or, les pauvrettes, abdiquant leurs sauvages allures, partaient sous les pieds de leurs bourreaux. Elles croyaient voir en eux de simples pastoureaux en quête d'une bergère ; mais la houlette était un fusil, et bon nombre ont payé cette méprise de leur vie ; un monsieur de notre connaissance en a tué sept dans la même journée.

Sept perdrix tuées à la clôture ! un festin peut seul dignement célébrer un pareil fait d'armes. Le héros ne voulut pas manquer à la tradition.

Quelques jours auparavant, il avait rapporté une bécasse qui avait servi aux débuts d'un cordon bleu nouvellement engagé : débuts malheureux, marqués par un effroyable barbarisme culinaire ; Mlle Marguerite ayant débarrassé l'oiseau de ses organes digestifs et de leur contenu, lesquels, douillettement étendus sur une rôtie, constituent, au dire des connaisseurs, quelque chose comme l'ambroisie de Jupiter. Rudement tancée, le cordon bleu avait promis de mieux faire ; on y comptait, ce qui n'empêcha pas son maître de lui recommander vingt fois ses perdrix. Effectivement, quand elles parurent, le chœur des convives s'extasia sur leur mine. Galamment troussées, dodues, rondes, dorées à point, leur seul aspect faisait arriver l'eau à la bouche.

L'amphytrion y porta la fourchette, puis le couteau, et sa figure se rembrunit : il poussa plus loin ses investigations, il lui échappa un cri d'horreur que répétèrent à l'envi ses invités : les appétissantes perdrix n'avaient pas été vidées ! Cette fois, ce fut une tempête qui s'abattit sur la tête de l'infortunée Marguerite ; mais, sans s'épouvanter de ces éclats, celle-ci, dénouant lestement son tablier, le jeta sur l'assiette de son patron.

— Cherchez une cuisinière, s'écria-t-elle ; un jour vous voulez en manger, le lendemain elle vous dégoûte ; je ne resterai pas une minute de plus chez un homme aussi capricieux.

LE COQ DE BRUYÈRE

ET LA PETITE OUTARDE.

Je viens de lire un volume qui s'est inspiré des études de Darwin sur l'instinct du beau chez les bêtes. Celui qui a apporté quelque réflexion dans l'observation de ce qui se passe autour de lui à la campagne ne sera jamais tenté de s'inscrire en faux contre les assertions du grand naturaliste anglais. La conservation des espèces résulte principalement de ce sentiment du beau qu'il accorde aux animaux. La nature ne s'est pas bornée à donner aux mâles la force pour protéger leurs lignées, elle y a ajouté chez les quadrupèdes l'élégance ou la majesté des formes, chez les oiseaux l'éclat du plumage, la perfection du chant, et la loi est si générale, qu'il serait presque absurde de prétendre que les femelles ne seraient pas en mesure d'apprécier les charmes de ces avantages.

Quant aux mâles, il n'est pas de fille d'Ève qui connaisse mieux le prestige de la coquetterie, ses manœuvres ainsi que les petits profits qu'on en tire. Il suffit d'observer le tendre manége du coq de la basse-cour pour s'en convaincre. Car, et cela vient à l'appui de la thèse, ce sont précisément dans les espèces polygames que les mâles paraissent avoir conscience de la fascination que ces avantages extérieurs leur permettent d'exercer sur leurs compagnes ; ce sont ceux-là également qui font le plus de frais pour plaire.

Dans la vie sauvage, où la difficulté de retenir autour de lui ses femelles est plus considérable, le mâle fait, pour les captiver, de bien autres efforts que dans la domesticité. Dans mes courses de chasseur à travers l'Allemagne, il m'a été donné de voir une fois, le coq de bruyère grand Tétras, et les détails de cette unique mais bien étrange représentation, sont restés profondément gravés dans ma mémoire.

J'étais depuis minuit dans les bois où un chasseur suspect, qui me servait de guide, devait me faire tuer un cerf dont probablement, pas plus que moi, il ne connaissait l'adresse. L'aube avait commencé à blanchir les vapeurs dont nous étions entourés et à leur communiquer des teintes nacrées ; exténué et transi, pestant depuis deux bonnes heures contre mes sottes ambitions et ma crédulité plus sotte encore, je

voyais venir avec enthousiasme cette fin de mon
martyre. Un bruit étrange m'arracha à mes malédictions ; on eût dit les roulements d'un tambour voilé, entrecoupés par des cris stridents
comme le grincement d'une scie. Mon compagnon l'avait entendu comme moi ; un sourire de
jubilation illuminait son épaisse physionomie ;
il m'expliqua le dédommagement que mon étoile
m'avait réservé sur la plume à défaut du poil,
et non sans me donner à entendre qu'il comptait bien que ma munificence serait à la hauteur
de ma bonne fortune. Nous nous dirigeâmes vers
le point d'où venait le concert, avec les précautions usitées, et bientôt dans une clairière, sur
le tronc d'un bouleau renversé, j'aperçus l'artiste.

C'était un magnifique coq de bruyère ; son
plumage aux reflets métalliques brillait d'un
éclat fulgurant, ses ailes traînantes étaient agi-
tées par des frissons convulsifs ; il élevait et
abaissait alternativement sa tête et son cou aux
caroncules écarlates, jetait ses appels d'amour
aux échos ; puis, redoublant de frémissements
d'ailes, dressant et rabattant ses plumes, piaf-
fant sur son estrade, il redoublait d'efforts pour
mériter l'admiration de la galerie. Cette galerie
ne se composait que de trois poules quand nous
arrivâmes, mais d'instant en instant on y voyait

deux perles brunes briller dans les fougères dia-
mantées de rosée ; une petite tête surgissait au
milieu des broussailles, bientôt le corps suivant
la tête, apparaissait à son tour, et une nouvelle
curieuse venait en trottinant grossir le nombre
des conquêtes. Je dis conquêtes, car jamais
femme ayant jeté son bonnet par-dessus les moulins n'afficha plus visiblement sa défaite. Ne
perdant aucun détail de la pantomime du beau
coq, les spectatrices suivaient chacun de ses
mouvements avec une sorte d'extase.

Le nombre réglementaire de sept se compléta
rapidement ; cependant l'exécuteur persévérait
dans son chant et dans ses attitudes provoca-
trices ; peut-être eût-il damé le pion à Brigham-
Young, si un coup de fusil tiré par un butor
n'eût à la fois précipité et modifié le dénoûment.
Par le temps qui court, j'aurais beau jeu de
rejeter cet odieux assassinat, c'en était un, sur
mon guide allemand; mais la sincérité avant tout,
j'étais à l'âge où l'on tue d'abord, quitte à entamer ensuite le procès du défunt, et je dois vous
avouer que le butor c'était moi.

Dès l'année dernière, nous pouvions annoncer
la réapparition de la petite outarde ou canepétière dans nos contrées où elle était devenue
bien rare depuis quelques dix ans. Depuis 1869,

on remarquait une progression constante dans le
nombre de ses bandes. Elles se montrent aujour-
d'hui en quantités assez respectables pour avoir
eu l'honneur, peu apprécié de celles qui en sont
l'objet, de figurer dans pas mal de carnassières
d'ouverture. Les causes qui nous ont ramené ce
bel et beau gibier, à un moment où celles qui
semblaient avoir motivé son éloignement, braconnage, progrès agricoles, se sont davantage
accentuées, ne sont pas faciles à déterminer. L'explication la plus spécieuse consiste à supposer
que leur nombre dans les stations d'été où elles
s'étaient réfugiées ne s'est plus trouvé en pro-
portion avec la quantité de substances alimen-
taires spéciales que fournissait le nouvel asile, et
qu'il a fallu retourner à l'ancienne patrie. J'ai
été témoin, il y a une vingtaine d'années, d'un
fait du même genre. Les sangliers disparurent
tout à coup et presque complètement des forêts
de la Normandie, et cela bien qu'on n'eût pas
encore commencé à les percer comme elles le
sont aujourd'hui ; depuis, ces centres forestiers
ont été sillonnés de routes et de lignes, traversés
par des voies ferrées toujours en mouvement ;
on a détruit ces dessous de houx qui ména-
geaient aux bêtes noires des bauges inaccessibles, et malgré leur antipathie pour cette civi-

lisation à outrance, les sangliers ont reparu, un peu trop nombreux même, s'il faut en croire les riverains. Décidément la nécessité fait loi, chez les bêtes comme chez les hommes.

Maintenant n'allez pas croire qu'à votre première sortie il vous sera accordé d'entamer d'agréables relations avec la revenante dont je vous signale le retour. Comme la grande outarde, la canepétière se garde à la prussienne ; ses sentinelles sont vigilantes, on ne l'approche pas aisément. Elle reste toujours ce qu'elle a toujours été : un quine que l'on peut gagner, mais qu'on ne gagne pas tous les jours. Cela est pourtant arrivé cette année à un très jeune de mes amis, tout frais émoulu du baccalauréat ès lettres et en train de passer son baccalauréat ès fusil. Je le rencontrai flanqué d'une carnassière énorme :

— Qu'est-ce que vous avez là ? lui demandai-je.

— Une Houtarde, une Houtarde magnifique que j'ai tuée !

— Avec un H ? dis-je en souriant.

— Non, monsieur, me répondit le naïf jeune homme ; je vous donne bien ma parole d'honneur que c'est avec mon fusil.

LE FAISAN

Le 1er octobre est une des dates que le chasseur souligne sur son calendrier, elle marque la période des ouvertures de la chasse du faisan qui tend à prendre une place de plus en plus considérable dans la population giboyeuse, d'un rayon d'une vingtaine de lieues autour de Paris.

La fameuse toison d'or, pour laquelle les Argonautes bravèrent tant de fatigues et de périls, ne valait peut-être pas cet humble corollaire de sa conquête, on ne s'accorde pas trop sur ce qu'en réalité représentait cette poétique fiction, et le faisan, apprécié de toutes les générations qui se sont succédé depuis lors, occupe toujours un rang distingué dans les préoccupations d'une fraction du public.

Il est vraisemblable qu'à la suite de l'expédition de Jason, il se propagea rapidement dans la Grèce. Aristote en parle en des termes qui prouvent qu'il n'était pas rare de son temps.

On raconte que Crésus, roi de Lydie, s'étant montré à Solon, dans toute la pompe d'une majesté orientale, et lui ayant demandé s'il avait jamais eu une pareille magnificence devant les yeux, le philosophe lui répondit qu'ayant vu le plumage du faisan, il ne s'étonnait plus d'aucune splendeur.

Cet oiseau paraît avoir été inconnu en Italie, au temps de la république, car Varron n'en fait pas mention. Pline le décrit, mais loin d'en parler comme s'il était naturalisé dans son pays, il reproche à ses compatriotes le luxe effréné qui les détermine à aller chercher un plat dispendieux jusques sur les bords du Phase.

Le faisan était probablement destiné à figurer parmi tous les butins somptueux ; il fut introduit à Rome par les proconsuls, avec les statues, les tableaux, les vases, les bronzes précieux, épaves de la grande civilisation grecque qui s'abîmait. Ni Pétrone, ni Juvénal, ne le font figurer dans leurs peintures de la corruption romaine ; mais le vingt-huitième des Césars, Héliogabale, dans le délire de sa prodigalité, imagina de nourrir les lions de sa ménagerie avec des faisans.

Les barbares plus curieux de bonne chère que de beaux-arts, plus avides des plaisirs de la chasse que des jouissances raffinées de l'esprit, durent apprécier cette proie et le faisan s'achemina à leur suite vers le Nord. En 924, sous le règne d'Edouard Ier, un faisan coûtait en Angle-

terre quatre pences, somme considérable pour
le temps, dit le docteur Francklin, mais qui cependant n'a rien d'extravagant. Il semble qu'ils
étaient plus rares en France et en Italie qu'en
Angleterre; dans un compte ordonnancé par
Philippe de Mazière, maire de Tours, en 1480,
parmi les dépenses nécessitées par la présence
du légat, on trouve seulement quatre faisans
contre des quantités considérables d'autres
gibiers.

Jusqu'au règne de Henri IV, le faisan n'a probablement existé en France, que comme oiseau
de volière et gibier dans les capitaineries royales.
Bien que les orientaux le chassassent déjà avec
l'oiseau de proie, ainsi que le décrit Sonnini, il
n'existait pas de vol de faisan dans la fauconne
rie du roi Louis XIII. D'Esparon, si explicite dans
tout ce qui concerne ce qu'il appelle l'art par
excellence, ne le fait pas figurer parmi les gibiers, dont on s'empare à l'aide des faucons.

Au temps de Buffon, l'oiseau du Phase était
généralement répandu en Europe; on le trouvait
non seulement en Espagne, en Italie, en Angleterre, en Allemagne et en France, mais sous
des latitudes beaucoup plus septentrionales. Le
poète dramatique Regnard avait tué des faisans
en Bothnie; son assertion contredite, fut depuis

vérifiée par Pallas. En France, à cette même
époque, il existait à l'état sauvage dans les mon-
tagnes boisées du Forez, dans celles du Dau-
phiné, sur ceux de leurs versants qui regardent
le Piémont, dans les forêts de Loches, d'Amboise
et de Chinon et nécessairement dans l'Ile-de-
France.

Toussenel a longtemps caressé le projet de
dresser une carte cynégétique, où il eût établi
la distribution, et le bilan des diverses variétés
de gibiers sédentaires et de passage dans chacun
des arrondissements de notre pays.

Il est regrettable que l'illustre écrivain n'ait
pas exécuté ce travail qui, sortant de ses mains,
eût été remarquable à plus d'un titre ; l'amoin-
drissement continu des espèces en décadence,
hélas ! presque toutes, n'eût pas été moins
intéressant à étudier que le développement du
seul oiseau dont la propagation ait progressé, le
faisan.

Nous avons exposé, ailleurs, comment, sous
prétexte peut-être qu'il est le gibier des rois et le
roi des gibiers, les révolutions n'étaient guère
moins fatales à cet oiseau qu'à ses patrons cou-
ronnés. 1792, 1830, 1848, marquent pour son
espèce autant de crises d'exterminations. Elle se
releva de ces rudes assauts, grâce à la faculté de

semi-domestication que nous signalions en commençant ; mais, à ces trois époques, la période de la
reconstitution de la race fut très lente et très longue. L'épreuve de 1870 lui fut peut-être plus rigoureuse encore que les précédentes ; cependant,
la restauration fut cette fois presqu'immédiate,
parce que depuis 1852 le faisan s'était singulièrement vulgarisé, qu'il existait, au moins à l'état
d'échantillon dans toutes les volières. Au nord de
la Loire, il est aujourd'hui bien peu de départements où l'on ne puisse citer des parcs dotés
d'une population faisandière. L'espèce se serait
certainement étendue aux forêts, aux grands
bois de cette région ; il n'en serait pas où elle
n'existât, au moins à l'état d'échantillon, sans
les deux obstacles considérables qui entraveront
toujours, chez nous, sa multiplication libre : le
morcellement exagéré de la propriété et la pullulation des carnassiers sauvages, et principalement du renard.

Avec des renards dans un bois, il est inutile de
songer à y propager des faisans. La poule ni-
chant à terre dans les hautes herbes, les cépées,
au pied des buissons, ne saurait échapper à
l'ennemi doué d'un odorat si subtil qui, chaque
nuit, explore ces couverts.

Or, par un contraste saisissant, tandis que les

espèces utiles voient les vides de leurs rangs s'é-
largir tous les jours de plus en plus, les trop
nombreuses tribus des bêtes puant es croissent et
multiplient dans des proportions inquiétantes
pour l'avenir et qui, pour le présent, ont une
part beaucoup plus considérable que nous ne
l'admettons dans la diminution du gibier.

On ne détruit plus de renards.

Ce morcellement, qui arrêtera la diffusion du
faisan, qui a déjà raréfié la perdrix et sera
absolument mortel pour le lièvre, protège, pré-
serve, sauvegarde le carnassier au museau
pointu. En dehors de la grande propriété, et encore de la propriété où l'on se préoccupe de conservation giboyeuse, personne ne sort de chez
soi avec l'intention arrêtée de le chasser. Les
briquets quêtent un lièvre, ils lancent un renard ;
peut-être sera-t-il tiré accidentellement ; mais
comme il est passé maître dans l'art de préserver
sa peau, il y a dix à parier contre un qu'il gagnera sans encombre les terriers ; presque
jamais les chasseurs ne songeront, je ne dis pas
à fouiller ces demeures, ce qui est une grosse
opération, mais à les enfumer, ou à se promettre
d'y revenir ; ils enlèveront leurs chiens, et se
mettront à chercher un autre lièvre, sans seulement réfléchir aux déprédations qui seront la

conséquence de cette insouciante générosité.

La conservation du faisan rencontre une autre pierre d'achoppement dans les habitudes mixtes de l'oiseau qui en font tour à tour l'hôte du bois et de la plaine, dans ses instincts vagabonds, dans la grosseur de son corps qui le désigne aux yeux les moins clairvoyants et surtout dans son tempérament lui-même.

La nature n'a nullement mesuré ses défenses aux dangers qui l'attendent dans un pays aussi peuplé que le nôtre. Trop beau pour être très intelligent, le faisan justifie une fois de plus le préjugé que certaines gens nourrissent contre la surabondance des agréments extérieurs. Il est méfiant, mais sa méfiance est aveugle et ne dénote aucune aptitude à ce calcul différentiel à l'aide duquel certains oiseaux, le corbeau par exemple, distinguent un danger sérieux d'avec ce qui n'en a que l'apparence.

Il ne sait pas, comme le lièvre, comme le lapin, utiliser la délicatesse de ses sens pour reconnaître le piège sous l'appât attrayant qui l'incite. Il ne tire aucun profit des rudes leçons de l'expérience ; les faisans d'un parc viendront se faire tuer jusqu'au dernier sur le marc de raisin que le paysan aura répandu dans sa vigne, tandis que la perdrix n'y sera prise qu'une fois, et encore?

Il a si peu de discernement que le moindre brouillard suffit pour lui faire oublier le chemin de ses pénates; et puis la richesse de son habit lui inspire des délicatesses de petite maîtresse; s'il pleut, si le tapis de feuilles est humide, monsieur craindra de se mouiller les pattes, il ira chercher un asile plus confortable au faîte d'un chêne, où il se laissera fusiller sans chercher à changer de retraite.

Le soir, c'est pis encore; il semble qu'il suppose que ses ennemis, comme les infidèles de l'Écriture, ont des oreilles pour ne pas entendre, des yeux pour ne pas voir; ses cris répétés leur indiquent le chemin de sa chambre à coucher et il ne s'est jamais douté que son corps est loin d'être transparent, qu'une masse opaque se détachant sur le clair-obscur, offre à tous venants un merveilleux point de mire.

Quoi qu'il en soit de l'avenir, nous avons le droit d'être satisfaits du présent; non seulement le nombre des faisanderies s'est accru et s'accroît tous les jours, mais les pauvres ont largement profité de la surabondance de biens des riches; le trop plein des bois des grands éleveurs, se répandant aux alentours, a ménagé, aux plus modestes carnassières, la connaissance de ce royal gibier, en quelque jour de chance.

Ce serait le cas de se montrer reconnaissant,
non pas envers les auteurs involontaires de ces
libéralités, — le cœur humain n'est pas si prodigue, — mais envers l'espèce du faisan elle-
même, en n'usant d'elle qu'avec prudence et modération, c'est-à-dire en ne tirant pas de poules
à l'arrière-saison. L'intérêt général le voudrait ;
malheureusement, il est une voix qui parle bien
plus haut, celle d'une sotte envie. On fait feu sur
cette poule, moins pour la tuer que dans la
crainte qu'un autre ne la tue! Parmi les causes
de destruction du faisan, j'avais oublié d'énumérer celle-là, de toutes, peut-être, la plus active.

LE LAPIN

Connaissez-vous un gibier plus aimable que le lapin ? Pour mon compte, je n'en sais pas qui lui aille à la griffe. Sans doute, avec son habit gris de lin, et bien qu'il arbore très crânement, quoiqu'à rebours, son blanc panache, il n'arrive pas au dehors aristocratique du faisan vêtu de pourpre et d'or ; il n'a pas davantage la superbe noblesse du chevreuil ; il ne peut pas, comme la bécasse, se targuer de ce beau titre d'étranger pour lequel les carniers, comme les salons, montrent tant de faiblesse ; mais, si le ciel lui a refusé ces avantages et ces charmes, s'il l'a classé au dernier rang de la hiérarchie cynégétique, il n'en possède pas moins, à notre point de vue, bien entendu — le seul auquel il faut juger les lapins comme les hommes — une supériorité inestimable, celle d'être toujours présent à l'appel, de ne jamais trop faire le renchéri, lorsqu'il s'agit de sauver de la bredouille un pauvre diable de chasseur sur lequel le guignon s'est acharné.

Et que d'heures charmantes tous nous lui devons, soit que le quétant au chien d'arrêt, il jaillisse de la broussaille, file comme une fusée à travers les méandres de la bruyère, en soulevant, derrière lui, la rosée en poussière diamantée, ne se montrant que pour se dérober, se jetant à gauche quand on l'attend à droite et trompant enfin l'adresse des plus expérimentés ; soit que, promené par deux bassets, ce bohême amoureux du grand air, toujours flanant, toujours musant, même lorsque sa peau risque tant d'aller grossir le pécule de quelque cuisinière, il s'approche, s'écarte, revient, s'éloigne encore, multipliant les émotions de celui qui le guette ; soit qu'enfin, les battues, le furetage à blanc, en fassent le perpétuel objectif d'une incessante fusillade.

Consultez nos confrères, il n'en sera pas un qui ne vous réponde que si le lapin n'existait pas, il faudrait tout de suite l'inventer, et nécessairement, en raison de l'estime qu'ils professent pour ce prolétaire de la gent léporine, le monde n'en contiendra jamais trop à leur gré.

Malheureusement cet enthousiasme est loin d'être partagé par les cultivateurs ; donnez-leur la parole et vous entendrez une autre antienne. Le lapin deviendra un fléau, une peste ; il constituera le plus redoutable de tous les périls sociaux de notre époque, qui pourtant n'en manque

guère. S'il faut les croire, non content de nous
affamer, il mine le sol et prépare un cataclysme,
ce n'est plus sur un volcan que nous dansons
comme jadis, c'est sur un gigantesque terrier, et
nous devrons nous attendre à voir, avant peu, la
France dépeuplée, devenir une garenne de
28,000 lieues carrées ! Pour épargner à notre
patrie ce dénouement par trop cruel, l'un réclame la liberté du panneautage ; un autre — il
est orfèvre celui-là — voudrait voir concéder à
tout venant le droit de courir sus, même sur le
terrain d'autrui, à ce perturbateur de la paix
publique ; un troisième, plus fidèle au tempérament national, penche visiblement pour l'intervention gouvernementale ; il ne lui déplairait pas
de voir les gendarmes chargés d'appréhender
Jean lapin au collet. Lisant à peu près tous les
réquisitoires que ces lapinophages épanchent
dans les revues de la spécialité agricole, je puis
vous garantir qu'ils eussent unanimement applaudi à ce *delenda est Carthago* prudhommes-
que, d'un haut dignitaire de eaux et forêts
disant à Napoléon·III : « Sire, ordonnez la destruction des lapins, ce sera le plus grand acte du
règne de Votre Majesté. »

De mon temps, c'est-à-dire dans celui de ma
jeunesse — c'est toujours par elle que nous da-

tons — il était bien entendu que le juste milieu
ne valait pas le diable. Cependant, plus je vieillis,
plus je m'aperçois que c'est toujours à ce juste
milieu que la raison nous ramène, en toutes
choses, même en ce qui concerne les lapins ;
c'est ainsi qu'un examen attentif nous démontre
que la vérité ne se trouve pas plus dans le camp
des apôtres de cet animal, que dans celui de
ses détracteurs à outrance, mais bien entre les
deux.

Cette divergence d'opinions devait, quoi qu'il
en soit, se traduire par des collisions, au moins
judiciaires. Depuis une vingtaine d'années, cette
meilleure légume du garde — un beau titre et
dont le lapin a le droit d'être fier — a conquis
une place des plus honorables dans le pot-au-
feu de MM. les huissiers ; il est devenu le mur
mitoyen de la propriété forestière. On rachète-
rait le canal de Suez avec l'argent que représente
le papier timbré, noirci en l'honneur des faits et
gestes de ce rongeur ; ce qu'il a motivé d'exploits,
de sommations, d'oppositions, de déboutés, etc.,
etc., serait aussi difficile à dénombrer que la
postérité de ce type de fécondité, après cent générations.

Dans le principe, cela allait tout seul. Nous
avons exposé, dans le *Traité général des chasses,*

comment d'ingénieux novateurs, portant le progrès agricole à ses plus extrêmes limites, avaient institué, grâce au lapin, l'art de récolter sans avoir semé. Aujourd'hui, la pratique de cette fructueuse opération est devenue un peu plus difficile. Les propriétaires, les locataires des bois, lesquels n'étaient pas sans reproches, ayant été dûment étrillés, se sont mis à surveiller leur population lapinière de plus près, à refréner l'excès de zèle avec lequel celle-ci pratiquait la consigne de la création, et cela, de façon à ne plus fournir de motifs légitimes de plaintes aux riverains honnêtes, aux autres, de prétextes pour leurs petites spéculations. De leur côté, les tribunaux se sont montrés de moins en moins sensibles à des doléances souvent fondées, plus souvent encore exagérées, et ils se sont définitivement refusés à admettre que, par ce fait seul qu'un bois contient des lapins, le propriétaire de ce bois devient responsable des dommages qu'ils peuvent causer dans les environs.

Il y a sur ce point plusieurs arrêts de la Cour de cassation — 22 juin 1870, 21 août 1871, 11 août 1874 — dont il nous paraît intéressant pour nos lecteurs de connaître les dates puisqu'ils fixent la jurisprudence. Ils établissent que si l'on est passible de dommages, lorsqu'on a

introduit ou attiré les lapins dans son domaine,
en y créant une garenne, ou lorsqu'on a négligé
de réduire, dans les limites du possible, le nombre de ces animaux qui se trouvent naturellement
dans les bois, cette responsabilité cesse du moment où l'on a procédé à leur destruction par
les moyens dont on dispose, en n'en laissant
subsister que le nombre que le bois peut naturellement contenir.

Cette jurisprudence aura le grand mérite d'a-
paiser quelque peu la fièvre de procédure lapinière qui, dans l'Ile-de-France, avait pris des
proportions désobligeantes. Il est clair que désormais les riverains n'entameront la bataille qu'à
bon escient. D'un autre côté, les propriétaires et
les chasseurs, mis en défiance contre la surabondance des richesses, feront en sorte d'avoir
le droit pour eux. Furetage, défonçage des terriers, au moins en bordure, sont des précautions
essentielles. Qu'ils n'oublient jamais de convier,
à leurs destructions, les intéressés par voie d'affi-
ches, les écrits restent; si plus tard, ceux-ci s'avi-
saient que l'opération est incomplète, on aurait
une action reconventionnelle à opposer à leur
maladresse; sans compter que le charme d'un
joli tiré de lapins est de nature à désarmer les
dispositions les plus grincheuses. La chasse et

le table, voilà les plus sûrs pacificateurs du genre humain.

Dans le *Traité du lapin* de M. de La Rue, l'auteur conseille de ne pas réserver pour la reproduction, plus de huit à dix lapins par hectare dans un bois enclavé dans d'autres bois, de trois ou quatre également par hectare, si ce bois est en bordure. Ce sera encore à cet excellent petit livre que nous emprunterons notre péroraison, et nous dirons avec lui : « Souvenez-vous qu'avec les lapins, la sécurité est un péril et la prudence une sûreté. »

LA LOUTRE

Lorsque la neige couvrant la terre, la loi interdit au chasseur le parcours du bois et de la plaine, que la gelée ayant solidifié l'étang et le marécage en a chassé toute sauvagine grosse, moyenne et petite, le Nemrod convaincu, réduit au lapin pour seul objectif, commence à s'inquiéter de trouver d'autres aliments au feu qui le consume. S'il n'était pas trop avare de ses pas et de ses peines, trop enclin à s'effaroucher de la perspective de quelques bredouilles, nous pourrions signaler à ses ardeurs oisives, un adversaire dont la poursuite se trouve précisément favorisée par ces rigueurs hivernales. C'est un gibier d'élite qu'il y a gloire et profit à abattre : sa mort sauve d'une destruction certaine des milliers d'êtres utiles ; sa dépouille fournit au chasseur qui en réalise la conquête, la matière première d'une casquette sur laquelle l'enthousiasme prononcé que les épiciers manifestaient jadis pour elle, en l'arborant comme l'étendard de leur corporation, avait jeté une certaine défaveur, mais qui est des mieux portées aujourd'hui.

Vous avez déjà deviné que ce gibier, c'est la loutre.

Nous lisions, il y a quelque temps, dans une publication spéciale, une timide apologie de la loutre. L'auteur ayant obtenu une aimable familiarité de l'un de ces animaux, devenu son commensal, penche visiblement à l'incorporer dans la tribu des créatures incomprises qui commence par la Dame aux Camélias, pour se continuer par le hanneton, lequel, au dire d'aucuns, ne serait pas plus apprécié suivant ses petits mérites par nos aveugles contemporains, que l'héroïne d'A. Dumas fils. Peu s'en faut que dans cet article, nous ne soyons taxés de barbarie, nous autres, qui nous faisons un devoir, comme un plaisir, de fusiller le vampire des eaux quand, par hasard, toujours trop rarement à notre gré, il nous en fournit l'occasion.

Il y a, au fond de cette doctrine, un petit travers auquel il faut se contenter de sourire. Qu'il soit possible de dresser une loutre à la pêche, nous sommes loin de le nier; elle est éducable; mais le loup et même le renard le sont aussi, et personne n'avait prétendu, jusqu'à présent, que les exemples de conversions à la civilisation qu'ils ont fournis, devaient infirmer la réputation de malfaisance de leurs espèces et mettre un terme à la guerre légitime dont elles sont l'objet.

Ces sortes d'éducations sont des œuvres d'assiduités, de patience, que mèneront à bonne fin les gens qui n'ont pas de leur temps, de leurs facultés un autre emploi. C'est corps et âme, c'est cœur et esprit qu'il faut se vouer à la tâche ardue de façonner cette matière rebelle ; on n'y réussit qu'à la condition de s'abstraire absolument de tout ce qui n'est pas elle. Les profits, les agréments d'un tour de force de ce genre, seront-ils proportionnés aux peines qu'il aura coûtées ? Cela nous paraît très problématique. Ce qui ne l'est guères, c'est que dans l'état de désolation de nos eaux, leur repeuplement serait un peu plus digne des préoccupations d'un esprit sérieux que cette vaine conquête d'un auxiliaire dont, quoi qu'on en dise, la nécessité ne se fait pas du tout sentir. En résumé, comme il restera assez d'échantillons de cette engeance destructive, pour suffire aux besoins et aux délices des amateurs de paradoxes en action, nous pouvons appliquer au panégyrique en question cette réplique, assez célèbre, d'un homme d'esprit : Un monsieur s'attachait devant lui à justifier Robespierre, en prétendant qu'il était mal jugé.

— C'est possible, répondit l'autre, mais, heureusement, il a été exécuté !

La légitimité de la sentence que nous rendons contre la loutre, peut être très facilement démontrée. Il n'y a rien de tel que les chiffres pour être éloquents ; ils vont vous donner l'idée de ce que vous coûte l'entretien d'un seul ménage de ces animaux.

A l'état adulte une loutre a besoin d'au moins deux livres de poisson pour sa subsistance ; en supposant que, dans le premier âge, sa consommation soit de moitié, soit d'une livre seulement, vous arriverez à 1,288 kilogrammes pour l'alimentation annuelle du père, de la mère et de trois petits. Si vous voulez bien remarquer qu'il n'est pas de gourmet plus friand que cet animal de beaux morceaux, que ce sera toujours aux plus gros poissons qu'elle s'attaquera de préférence, qu'elle ne revient pas toujours au carnage sur lequel elle s'est repue, qu'elle gâche, par conséquent, autant qu'elle consomme, vous reconnaîtrez, que nous restons certainement en deçà de la réalité.

Et ce n'est pas tout : comme tous les brigands, même d'un ordre supérieur, les loups, les renards rendent par-ci par-là, et très involontairement, des services à la société aux dépens de laquelle ils vivent ; le premier fait, quelquefois, office d'agent de la salubrité ; il débarrasse les champs des foyers de pestilence que la nonchalance campagnarde y installe, lorsqu'elle néglige de couvrir de terre ses charognes ; l'autre prélève un large tribut sur tout le menu peuple de rongeurs, mulots, taupes, etc. ; tous les deux mangent des hannetons. Avec la loutre nous n'avons pas un seul de ces bénéfices de raccroc à espérer ; à part quelques pauvres diables de rats d'eau, à l'existence desquels nous sommes à peu près indifférents, elle vit exclusivement à nos dépens ; et, c'est abuser de la rhétorique que d'en dépenser si peu que ce soit à plaider pour elle les circonstances atténuantes.

Malheureusement, si juste que soit l'arrêt, il n'est pas toujours commode de le mettre à exécution. Relaissée dans une anfractuosité de quelque berge caverneuse, sa catiche, entre les racines d'un vieux saule, au plus épais des joncs d'un étang, la loutre dort presque toujours dans son gîte tant que le soleil est sur l'horizon.

Comme tous les carnassiers de nos régions, elle couvre ses déprédations du voile discret de la nuit. Aussi ses ravages, si considérables qu'ils soient, laissent peu d'indices accusateurs,

et l'on est quelquefois longtemps sans soup-
çonner sa présence. De loin en loin, une tête,
des débris de poissons, un peu de fiente, —
épreintes, — sur une pierre blanche, donnent à
penser qu'elle est venue ; le plus souvent, ne
retrouvant plus le lendemain les mêmes traces,
on se figure qu'elle n'a fait que passer, tandis
que, presque toujours, elle est restée canton-
née sur le même lieu, et que, chaque nuit, les
mystérieuses profondeurs de la rivière continueront d'être le théâtre des mêmes drames.
Ne croyez pas, du reste, que ses exploits se bor-
nent aux eaux qu'elle habite, toutes les mares,
tous les bassins de son voisinage sont ses tributaires et elle les exploite tour à tour.

Nous vous disions, en commençant, que la
période des frimas était, plus que toute autre,
propice à l'utile destruction de cette mangeuse
de poissons. En sa qualité d'amphibie, la loutre
hante également l'eau et la terre ferme ; c'est
toujours sur le rivage qu'elle dévore sa proie.
Mais ce n'est guère que lorsqu'un tapis de
neige aura recouvert le gazon, sur lequel, d'ordinaire, elle piétine, que vous aurez chance d'en
revoir avec fruit, c'est-à-dire de pouvoir la sui
vre jusqu'à l'endroit où elle est gîtée, ou du
moins, jusqu'aux environs de son trou. En

outre, par le froid, les eaux sont toujours plus transparentes et plus limpides, et l'animal est plus facile à tirer.

Bien que nous ayons, dans l'Ouest surtout, de quoi leur fournir de l'occupation, nous ne possédons guères en France de chiens spécialement affectés à la chasse de la loutre, et l'Otterhound de nos voisins n'a été introduit chez nous qu'à l'état de curiosité. Mais tous les chiens courants de nos moyennes et petites races, les bassets sustout, goûtent avidement le sentiment de cet animal, et s'ils sont moins fermes dans la voie que les griffons écossais, que le pinceau de Landseer a illustrés dans un de ses plus magnifiques tableaux, ils ne vous en fournissent pas moins une menée parfaitement suffisante pour faire passer la loutre lancée sous votre fusil, si vous les avez assez familiarisés avec l'humide élément pour qu'ils ne craignent pas plus de se mouiller les oreilles que les pattes.

Tous les cours d'eau ne se prêtent pas à une campagne de ce genre. Chasser la loutre sur les rives de la Seine, de la Marne et généralement de toutes les rivières d'une certaine profondeur, c'est contracter un abonnement avec l'agence des buissons-creux. L'animal plongeant à un ou deux mètres à son lancer, vous ne sauriez l'apercevoir ; il gagnera un autre gîte dont vous ne reconnaîtrez probablement pas la direction ; vous perdrez un temps infini à rassembler vos chiens et à passer d'un bord à l'autre, dans le bateau dont vous vous serez pourvu, je le suppose. En admettant que vous parveniez à retrouver votre bête, comme elle renouvellera toujours cette manœuvre, elle finira toujours aussi par vous échapper, car ce sera miracle si, en piquant sa tête, elle n'échappe point à votre plomb.

Les ruisseaux, les rivières guéables, au moins en certains endroits, les étangs aux pentes douces, voilà les véritables théâtres d'une chasse à la loutre, ceux où vous pouvez espérer un agréable dénouement.

LE RENARD

C'est au printemps qu'il est le plus facile de se débarrasser de ce redoutable braconnier qui, sans tapage, presque sans bruit, prélève un peu mieux que la dîme sur le gibier de nos bois et de nos plaines.

Ce maître brigand a trouvé des avocats : le paradoxe offre tant de séductions qu'il s'est rencontré des gens pour découvrir des circonstances atténuantes à son existence de rapines.

Sous prétexte qu'il détruit quelques taupes et pas mal de hannetons, on nous conseille de le traiter avec quelques ménagements. C'est oublier qu'il ne se résigne à cette victuaille d'occasion que lorsque les pièces de résistance lui ont manqué ou bien lorsqu'il les a manquées lui-même. J'ai inventorié pas mal de garde-mangers de renards dans ma vie : j'y ai trouvé des débris de lièvres, de lapins, des ailes, des plumes d'oies, de canards, de poulets, de faisans, de perdrix, jusqu'au bras d'une poupée de peau que la tendre mère avait apportée pour tromper le désœuvrement ou la fringale de sa petite famille.

Dieu sait les panerées d'insectes qu'il eût fallu pour compenser le préjudice accusé par ces énormes tas de pièces de conviction.

La finesse du renard est proverbiale. Je n'entends pas poursuivre ma campagne contre les aphorismes de la sagesse des nations, mais je n'en soutiendrai pas moins que sa sagacité n'est point supérieure à celle du loup.

Elzéar Blaze, entre autres, a soutenu que son intelligence distançait celle de tous les autres animaux, le chien compris ; ce fut lui, je crois, qui mit en circulation cette historiette qui le prouvait :

« Un morceau de viande fut jeté à un renard attaché dans une niche, mais trop loin de lui pour qu'il pût s'en saisir. Après maintes tentatives infructueuses, la concupiscence lui inspira un trait de génie. Il tourna la queue à son objectif, et rallongeant sa chaîne de toute la longueur de son corps, étendant une de ses pattes de derrière, il finit par amener la friandise à la portée de sa gueule. »

Blaze était si sujet à abuser de la permission, mettons d'amplifier, qui est généralement accordée aux chasseurs que j'ai tenu à renouveler l'expérience tant sur un chien que sur un renardeau que j'élevais à la brochette : la plus ingrate des éducations. Après des hésitations, le renard

se dirigea vers le lopin de viande, tendit sa
chaîne, avança le col, puis la patte, mais la tâche
lui semblant décidément impossible, il rentra
piteusement dans son tonneau, où il demeura
les yeux fixés sur l'objet tentateur. Le chien ne
fut pas plus inspiré, mais il se montra un Tan-
tale beaucoup plus naïf : après s'être démené
de façon à se rompre les vertèbres cervicales, il
se mit à aboyer avec fureur après l'appât, lui
reprochant probablement dans sa langue de ne
pas y mettre de complaisance.

Ce qui est extraordinaire chez le renard, c'est
la prudence ; le loup, qui pourrait en être pris
pour le symbole, est un étourdi auprès de lui.
Pour en avoir la mesure, il faut l'observer quand
il chemine sous bois, le nez, les oreilles au vent,
interrogeant, scrutant la brise avec toute l'acuité
de ses deux sens ; en même temps, attentif à
chacun de ses pas, ne posant le pied que là où
ce pied ne doit rencontrer ni une branche qui
craque, ni un caillou qui bruisse en roulant.
Jamais, même pressé par les chiens, il n'oubliera
d'éclairer le sentier où il doit se montrer à découvert : un œil du métier est seul en mesure
de distinguer dans les broussailles ce museau
pointu qui les écarte avec tant de précautions.
Si le routin est étroit, il le franchira d'un seul

bond, un éclair qui traverse. Si la route est large, il trottine en se rasant, en s'aplatissant si bien sur le sol que son corps semble acquérir une longueur démesurée.

Je m'aperçois que les mœurs du renard m'ont un peu trop fait oublier que nous avons à nous entretenir de sa destruction. Si je vous ai recommandé l'époque du printemps pour vous débarrasser de cette lèpre, c'est parce qu'elle marque la période de l'allaitement des petits, et qu'en jouant quelque méchant tour à la mère, vous vous êtes d'un coup délivré de toute la nichée; en second lieu, parce que la nécessité de pourvoir à la subsistance d'une nombreuse famille, forçant ces animaux à multiplier leurs allées et venues, vous avez plus de chances de les voir tomber dans quelque joli guet-apens. Vous avez le choix entre deux moyens, le poison et les pièges. Le piégeage est un art, je dois vous en avertir, lequel exige à peu près autant d'études et de pratique que la musique. Toutes les théories que je vous exposerais ne feraient pas de vous un virtuose. Si vous tenez cependant à le devenir, je vous engage à ne point prendre vos instruments — des traquenards — chez les quincailliers, qui n'en vendent que de pacotille. Allez tout droit chez le fabricant.

Pour mon compte, je l'avoue, non sans confu-
sion, je donne la préférence à l'arme expéditive
des Borgia ! Je place une pincée de strychnine
dans une incision pratiquée sous l'aile d'un oiseau, je pose le gobe dans une coulée très fré-
quentée, et le plus souvent, le lendemain, je
retrouve dans un rayon d'une centaine de pas le
convive auquel j'ai ménagé une digestion trop
laborieuse. Pour éviter de douloureux accidents,
relevez, chaque matin, vos appâts avec beaucoup
de soin, pour les replacer tous les soirs. Il vaut
mieux se servir d'une taupe que d'un oiseau ; le
renard s'en régale volontiers, et peu de chiens
sont tentés de la ramasser ; enfin, enfouissez
profondément et en lieu sûr le cadavre de votre
victime. Il y a des bipèdes pour trouver que le
renard est un mets fort délicat, et en cas d'empoisonnement préalable, la convoitise pourrait
leur devenir malsaine.

Un jour que je rapportais un de ces animaux
qui avait été tué au fusil, un brave garçon nouvellement marié me le demanda pour régaler sa
femme, disait-il ; il était impossible de lésiner en
face d'une requête ainsi justifiée, et je lui aban-
donnai mon gibier, mais à la condition expresse
qu'il me ferait part du goût qu'il lui aurait trouvé.
L'ayant rencontré quelques jours après, je lui

rappelai sa promesse. « Ah! dame, me répondit-il, je vous dirai que ça sent le viau, et pis l'œu mollet, et pis un brin la guernouille itou. » J'espère qu'il y avait dans ce gaillard-là l'étoffe d'un profond dégustateur.

LES CORMORANS

L'homme a facilement trouvé des auxiliaires pour assurer sa domination sur les populations de deux des éléments dont se compose son empire. Si faible, si mal armé qu'il fût à ses débuts dans ce bas monde, avec l'aide du chien et du cheval, il parvint à dompter, à faire sa proie des quadrupèdes les plus puissants comme de ceux dont la course était la plus rapide. Le faucon se chargea d'aller chercher, de lier pour lui, au haut des airs, les hôtes ailés qui s'y croyaient à l'abri. En ce qui concerne le troisième des grands foyers de la vie, il a été infiniment moins heureux, et aujourd'hui, comme il y a quatre mille ans, il est réduit à se passer d'intermédiaire et de collaborateur quand il s'agit de percevoir le tribut que les eaux lui doivent comme le reste du globe.

Il existe cependant un animal qui semblait prédestiné à cette mission, tant par ses habitudes exclusivement piscivores que par sa force, qui lui permet d'arrêter et de retenir une conquête digne par son volume du maître qu'il servirait, et encore par la profusion avec laquelle ses trois

espèces ont été distribuées dans les deux hémis-
phères : cet animal c'est la loutre.

Sa conquête aurait facilité et assuré de si gros
profits qu'elle a dû être l'objet de nombreuses
tentatives ; jusqu'ici, il ne semble pas qu'aucune
d'elles ait eu un succès sérieux. Quelques traités
d'histoire naturelle affirment bien qu'en Suède
rien n'est plus commun qu'une loutre apprivoi-
sée, chassant le poisson au commandement de
son maître ; ils fournissent même la recette pour
la rendre souple et docile comme un jeune
chien, recette dans laquelle la soupe aux choux
joue un rôle considérable ; mais soit que les
loutres françaises ne partagent point la passion
de leurs collègues du Nord pour cette friandise,
soit que nous-mêmes nous n'ayons pas les aptitudes des Suédois pour cette tâche difficile, si de
loin en loin, on trouve chez nous à signaler un
exemple de réduction à moitié satisfaisant, on a
immédiatement à leur opposer des échecs par
douzaines. Nous-mêmes nous avons à avouer
une défaite d'autant plus cuisante qu'elle fut
accompagnée d'innombrables dentées dont nos
mains ont gardé les traces.

On serait probablement plus heureux en faisant
marcher la domestication de l'animal parallèlement avec son dressage ; c'est-à-dire en obtenant

la reproduction à l'état de captivité de plusieurs générations successivement réduites. Mais les peuples primitifs, sous la pression de leurs besoins, sont seuls capables des prodiges de patience et de persévérance qu'exige une œuvre semblable; nous n'en sommes plus là; les innombrables engins de pêche que nous possédons, premettront à la loutre de mourir dans l'indeppendance finale.

D'ailleurs, à défaut de celle-ci, nous avons le cormoran un peu moins rebelle à la discipline. En Chine, le cormoran est rallié de longue date, il est le coadjuteur ordinaire du pêcheur chinois; perché sur l'avant du bateau, au signal que lui donne son maître en fouettant l'eau de son aviron, il se précipite et ne revient qu'avec un poisson. En Angleterre, en Hollande, en France même, il a eu ses jours de gloire. Ce sont des cormorans qu'il avait fait venir d'Espagne qui arrachent au mélancolique roi-chasseur son cri de désespoir le plus poignant et le plus lamentable :

> Pas une goutte d'eau en ce maudit Chambord.
> Pour qu'un cion se noie en se mirant du bord ;
> Je veux chasser la mer, je veux pêcher la plaine !

Toutefois, avec nombre d'autres choses, ces oiseaux étaient singulièrement démodés dans

notre pays; pour que nous ayons à nous occuper
d'eux, il a fallu qu'un amateur de curiosités cy-
négétiques se chargeât de ressusciter la pêche où
ils jouent un rôle, comme fut ressuscitée, il y a
quelques vingt ans, ce que d'Esparron appelait
l'art par excellence, la fauconnerie. Il nous a été
donné d'assister à une séance du vol de cormorans qu'un très aimable inspecteur des forêts,
M. de la Rue, qui est aussi un des hommes les
plus éminents de sa spécialité, a péniblement
dressés lui-même; rarement spectacle nous a
autant intéressé. La docilité de ses quatre élèves
est irréprochable ; peut-être même mon panta-
lon consulté serait-il de cet avis qu'un peu moins
de familiarité leur siérait davantage. Rien n'est
curieux comme de voir ces admirables plongeurs
s'élancer, disparaître pendant si longtemps que
pour notre compte, nous avons été dix fois prêt
à parier qu'ils avaient regagné la Hollande, leur
patrie, par la voie sous-marine.

Tout à coup on observe un léger remous à la
surface, une tête surgit, puis le corps bronzé de
l'oiseau, et la pantomime à laquelle il se livre
indique immédiatement que la pêche a été
bonne.

Cette pantomime n'est point une télégraphie à
l'adresse du maître, comme vous pourriez le

supposer ; elle consiste en mouvements saccadés de la tête et du col ; elle est la conséquence des efforts auxquels le cormoran se livre pour faire passer sa capture dans une carnassière où il serait difficile de la lui reprendre, c'est-à-dire dans son estomac. Il paraît que ces oiseaux ne sont guère moins réfractaires au désintéressement que les humains ; mais avec eux du moins on a des ressources pour leur imposer cette belle vertu. Un large anneau dont la base de leur col est garnie s'oppose à la fois au passage du poisson et à la réalisation de la vilaine action qu'ils méditent ; il les contraint à la restitution.

Ajoutons encore que la mise en scène était non moins attachante que le travail des acteurs. L'instituteur des cormorans, qui est un fanatique de la tradition, l'a respectée dans tous ses détails : voiture empanachée et engrelottée pour ses oiseaux, costume classique du fauconnier pour lui-même, rien n'y manque ; nous étions en plein dix-septième siècle, sans mon affreux paletot noisette qui détonnait sur l'ensemble ; et nous ne saurions trop le remercier de l'agréable matinée que nous lui devons.

LA PIE

Depuis quelques années l'histoire naturelle est entrée dans une phase intéressante ; de purement scientifique qu'elle était, elle est devenue physiologique ; elle s'inquiète moins de la forme, moins du classement méthodique, plus des mœurs, du caractère, de la physionomie spéciale de l'être qu'elle étudie. C'est ainsi que l'on est arrivé à essayer de déterminer plus positivement qu'on ne l'avait fait jusqu'ici, quels sont les animaux utiles à l'homme et à son agriculture, et quels sont ceux qui leur sont nuisibles. Les uns et les autres ont trouvé des accusateurs et des avocats ; réquisitoires et plaidoyers se sont appuyés d'études le plus souvent ingénieuses, d'observations presque toujours sincères et sagaces.

Malheureusement la synthèse manque à ces travaux ; l'homme de génie qui, en se les appropriant, les analysera, les coordonnera, pèsera leur valeur et prononcera en dernier ressort, n'est pas encore de ce monde ; en attendant, on continue de plaider. Il n'est pas jusqu'au moineau franc qui n'ait ses apologistes, comme il a ses détracteurs.

Ceux-ci le signalent comme le plus implacable des ennemis de la chose publique ; ils le vouent à l'exécration des générations présentes et futures ; ils vont jusqu'à proposer de mettre sa tête à prix. Leur statistique a supputé, grain à grain, le total des hectolitres de froment qu'un simple pierrot pouvait ou devait, pour eux c'est tout un, consommer dans son année. Ce total est effrayant. Les déprédations de ce pillard dans les jardins, son goût malavisé pour leurs plus beaux fruits s'ajoutent à la liste des méfaits qu'on lui reproche. Les amis du pierrot répondent à leur tour que toutes les malversations de leur client ont été constatées à l'aide d'une loupe ; que les dommages qu'il cause aux moissons sont circonscrits dans la période fort courte où le grain mûr reste sur pied, et ne s'étendent jamais au loin, puisque le moineau franc ne s'éloigne que fort peu des habitations ; ils allè- guent que lorsque cet oiseau va picorer dans les greniers, c'est bien moins lui qu'il en faut accu- ser que le propriétaire qui a négligé de fermer la fenêtre ou de boucher les crevasses de la mu- raille ; ils terminent enfin par l'argument décisif de tous les fanatiques de la gent emplumée : si le passereau glane par-ci par-là quelques cerises et quelques pois verts, s'il ramasse quelques grains de blé, il détruit assez d'insectes pour compenser le mal qu'il a causé, et le jardinier est un ingrat !

Un autre accusé attendant un arrêt définitif, c'est la pie. Elle gobe les œufs dans les nids, croque au besoin les oisillons, pousse ses visées jusqu'aux perdreaux, jusqu'aux cailleteaux à la traîne ; il n'y aurait point pour elle de châtiments assez horribles, s'il n'était pas constaté que les scarabées, les chenilles, les vermisseaux forment le fond de sa cuisine. Malheureusement pour elle, il n'y a plus de chance d'appel et de sursis ; en ce qui la concerne, la question me paraît avoir été tranchée à la façon d'Alexandre.

J'ai découvert ces jours-ci que la pie était passée valeur commerciale ayant cours sur la place ; et cet honneur est un sinistre présage : son heure est proche, comme celle, hélas ! de la perdrix, du lièvre et de tant d'autres créatures autrement estimables.

Il y a quelques jours, en traversant le marché, j'aperçus un énorme tas de ces oiseaux; il y en avait là plusieurs centaines, tous uniformément dépouillés de leur queue et des grandes plumes de leurs ailes. Ce singulier assortiment piqua ma

curiosité, j'interrogeai le négociant. Il m'apprit
que, pour être de date récente, son commerce
n'en était pas moins_fort actif. Il payait chaque
pie dix sols. La plumasserie lui enlevait en gros
toutes les longues pennes, d'un noir vert à reflets si miroitants. Quant aux oiseaux, il les vendait à certaines catégories de restaurateurs, chez
lesquels, par la toute-puissance du baptême,
elles devenaient grives et étaient dégustées
comme telles. Je manifestai quelques doutes,
j'exprimai ma surprise qu'il se trouvât des consommateurs assez naïfs pour se prêter à une
usurpation si mal justifiée ; mais mon homme me
ferma la bouche par un argument péremptoire.

— Ah ! monsieur, me dit-il, ça n'est pourtant
pas étonnant, ces oiseaux-là, c'est si malin.

Au fait, il avait raison : ces pies poursuivent
tout simplement la tradition de leur grand'mère
la pie voleuse.

LA VACHE ARTIFICIELLE

Quoique de premier ordre et plus féconde qu'aucune autre en émotions et en surprises, la chasse au canard est restée longtemps l'apanage presque exclusif d'une certaine catégorie de disciples de saint Hubert, moitié chasseurs et moitié tâcherons, enthousiastes des beaux coups de fusils, mais plus sensibles encore aux charmes des pièces de cinq francs qui en représentent la traduction définitive ; ils en avaient fait une profession qui peut être comparée à celle des chasseurs de chamois, parce que, si l'on en vit quelquefois, on en meurt toujours.

Patauger des journées entières dans des eaux glaciales, disputer ses bottes aux étreintes de la vase, grelotter dans un bateau, respirer toute une nuit l'atmosphère humide d'une hutte ou d'un gabion, risquer la fluxion de poitrine aux affûts à la belle étoile, etc., etc. ; ces divers corollaires du sport aquatique, ne convenant pas à tous les tempéraments, devaient nécessairement circonscrire le nombre de ses fidèles.

Quelques propriétaires d'étangs, les riverains
des grands cours d'eau et les sportsmen du littoral, étaient seuls, à faire une menue concurrence aux braves gens dont nous venons de parler ; mais la mode s'en mêle, et la sauvagine n'a
qu'à bien se tenir ; la passion s'ensuivra, car
je ne sais rien qui la stimule davantage que la
poursuite de ce gibier récalcitrant. Cette année,
quelques amateurs d'élite, dédaignant les modestes tueries des eaux intérieures, se sont
volontairement exilés dans quelques villages
perdus de nos côtes, pour affronter les rudes
épreuves du métier de huttier, et l'un des gentle-
men qui ont si violemment rompu avec leurs
habitudes mondaines, annonçait l'autre jour à
un journal spécial qu'il en était à son trois
cent quatre-vingt-deuxième canard de la saison ;
comme de juste, il ne regrettait pas les joies
élégantes qu'il avait abdiquées pour réaliser ces
hécatombes.

Il est heureusement, contre la sauvagine, des
modes de chasse moins héroïques, moins péril-
leux que la hutte et le gabion. En raison de la
prudence caractéristique de ce gibier, de la
méfiance avec laquelle, décrivant de larges cer-
cles concentriques dans les airs, il reconnaît
minutieusement les eaux où il veut s'abattre,

de l'entêtement avec lequel il se tient loin des bords, de sa promptitude à se mettre à l'essor à la moindre alarme, il n'en est pas pour avoir autant stimulé le génie de la cynégétique, et pour lui avoir inspiré plus d'inventions toujours ingénieuses, quelquefois originales.

Nous ne parlerons que pour mémoire du procédé légèrement fallacieux, néanmoins très sérieusement décrit par quelques auteurs, qui le prétendent en usage dans l'Amérique du Sud, et qui consiste à se mettre à l'eau coiffé d'une citrouille évidée, à nager sur les oiseaux, à les saisir par les pattes, et à les accrocher les uns après les autres à sa ceinture ! Il ne nous paraîtrait à sa place que dans les aventures du fameux baron de Münchausen. La chasse au badinage, beaucoup plus authentique, exposée par M. le comte de Reculot, dans les premières années de l'ancien *Journal des Chasseurs*, et que nous avons nous-même expérimenté avec succès, est une curiosité également très étonnante et que nous vous raconterons peut-être un de ces jours.

Dans les environs de Bar-sur-Seine, sur les bords de l'Armance, petite rivière dont les eaux ne gèlent jamais et coulent au milieu d'un plateau couvert de prairies, on approche les

canards à l'aide de huttes roulantes, construites
d'un treillis d'osier enduit de terre, qui ressemblent à des ruches gigantesques, et se meuvent
sur deux rouleaux reliés à des traverses, sur
lesquelles le chasseur pose ses pieds. En sa qualité de torrent, l'Armance est presque toujours
débordée lorsque vient l'hiver, et ses eaux ont
recouvert les prairies de son littoral ; lorsqu'elles gèlent, un homme s'enferme dans sa
maison portative, la fait rouler sur la glace à
l'aide d'un croc et va se placer le long du che-
nal, toujours libre, vis-à-vis de quelque remous,
ou il attend que les canards qui descendent le
courant, soient réunis en assez grand nombre
pour avoir droit au coup de canardière.

Tandis qu'en Bourgogne et dans le Midi, on
poursuit la sauvagine dans des bateaux très bas
de bords et fort légers que l'on appelle four-
quettes et négues-fol, les Landais la traquent à
l'aide de leurs chevaux demi-sauvages et parviennent à tromper sa méfiance en s'abritant derrière ces auxiliaires.

La chasse à la vache artificielle, dérive évidemment de ce dernier procédé. Elle exploite
la réputation d'innocence dont les ruminants
en générale et les vaches en particulier, jouis-
sent chez les palmipèdes pour déjouer la pru-

dence de ceux-ci ; elle consiste à s'affubler d'une demi-peau de vache montée sur une carcasse en fil de fer ou en osier, pour arriver à portée des bandes de canards ou d'oies sauvages. Le déguisement ne servirait à rien si on ne possédait pas la manière de s'en servir ; ce n'est pas assez que d'entrer dans cette peau de quadrupède, il faut encore se comporter en vache de bonne compagnie.

Lorsqu'on a aperçu une troupe d'oiseaux d'eau dans les prairies, on avance vers elle à pas mesurés et d'un air aussi grave que la circonstance le comporte, en lui présentant toujours le flanc et en décrivant des courbes qui vont en se rapprochant de plus en plus des objectifs de la manœuvre. Si ceux-ci, dressant la tête, indiquent qu'ils sont à l'éveil, on s'arrête et, pour occuper ses loisirs , on a le droit de faire semblant de paî_tre. Aussitôt que, rassurés par cette éclatante manifestation de l'individualité soupçonnée, ils ont repris leur tranquillité et leurs ébats, on recommencera la marche oblique, jusqu'à ce qu'elle ait conduit le chasseur assez près des oiseaux pour que l'on puisse les fusiller à son aise.

Cette chasse est extrêmement productive ; je comprends toutefois que l'on éprouve une certaine répugnance pour cette mascarade ; mais

peut-être faut-il ranger ce scrupule au nombre
des préjugés que le progrès nous enjoint de
fouler dédaigneusement sous nos pieds. D'ailleurs, comme vous ne céderez probablement
jamais à la tentation de traverser la ville avec
cet habit d'un nouveau modèle, vous ne serez ridicule qu'à vos propres yeux, ce qui veut dire que
vous ne cesserez pas de vous trouver charmant.

Cependant, il est loyal de vous prévenir que
la chasse à la vache peut avoir des corollaires
désobligeants. Un Monsieur de notre connaissance, alléché par les fabuleux abattis qu'un de
ses voisins réalisait de cette façon, acheta,
moyennant quelques louis, le plus beau costume
de vache qui soit sorti des ateliers de Moriceau
et Blanchard, qui ont la spécialité de ces sortes
de vêtements. A sa première sortie, il tomba
malheureusement dans un troupeau d'autres vaches qui, elles, n'étaient pas en carton. Cédè-
rent-elles à je ne sais quelle haine instinctive
qui les poussait à venger leur ancêtre, sur ce
nouveau Jupiter, ou bien à l'indignation qu'exci-
tait en elle cette irrévérencieuse parodie? Le
monsieur jouait-il son rôle avec tant de naturel qu'elles virent tout simplement en lui un
concurrent sérieux à la pâture? Je ne me permettrai pas d'en décider; ce qui est certain,

c'est qu'elles le poursuivirent avec furie et qu'il ne leur échappa qu'en abandonnant à leurs cornes le costume sur lequel il avait compté pour approvisionner sa cuisine pendant tout l'hiver.

Voici une autre histoire, dont le dénouement, pour être d'un ordre moins prosaïque, n'en est que plus lamentable.

Un brillant officier de chasseurs à cheval était venu passer son semestre chez son cousin le baron R..., dans une terre que celui-ci possède dans les environs d'Alençon. Cette villégiature d'hiver eût du sembler un peu sévère à un jeune homme déjà saturé des ennuis de la garnison, cependant, il la subissait sans se plaindre. Chasseur passionné, il consacrait ses journées à poursuivre la sauvagine, dans les vastes prairies au milieu desquelles l'Orne serpente ; les soirées passaient plus rapides encore à causer, à faire de la musique avec la cousine qui, non seulement, elle aussi, était jeune, mais encore charmante. Bientôt l'officier fut pris d'un tel enthousiasme pour cette Thébaïde que, le baron lui ayant rappelé un voyage à Paris qu'il avait projeté en arrivant, il déclina cette ouverture et annonça l'intention d'achever son semestre au château.

Si flatteuse que fût cette résolution, elle in-

quiéta M. R...; c'était un malin quadragénaire
que sa qualité d'ancien viveur mettait fort au
courant des menus mystères du sentiment. Il
lui sembla remarquer que, de son côté, la ba-
ronne avait pris tout à coup un goût singulier
pour la vie des champs, que si elle baillait quand
le cousin n'était pas là, en revanche ses yeux
s'émerillonnaient, ses joues se teintaient de rose
lorsqu'il entrait au salon, et puis que sa voix
prenait un accent singulier, lorsque l'officier
ayant déposé le butin du jour à ses pieds, c'est-
à-dire sur la table de la salle à manger, elle le
montrait à son mari en disant, moitié avec
triomphe, moitié avec une nuance de compassion :

— Mais regarde donc tout le gibier qu'Arthur
a tué encore aujourd'hui, mon pauvre Louis?

Le pauvre Louis s'enquit adroitement des habitudes du dangereux cousin, il apprit qu'il avait
choisi pour compagnon de ses expéditions un
brave meunier, le plus grand massacreur de
canards qui fût à vingt lieues à la ronde, et, deux
jours après, une belle gelée ayant durci la neige
qui couvrait la terre, il proposa à sa femme une
petite promenade à travers champs.

Ils n'étaient pas arrivés au fond de la vallée
que madame R... avait déjà dit à son mari :

— Si nous allions rencontrer Arthur?

— Quelle vraisemblance, répondit celui-ci ; d'où nous sommes, nous l'aurions déjà aperçu, et je ne vois que deux vaches qui se promènent.

— Oui, et regarde donc, Louis, quelle allure singulière ! Et ces jambes ! Ah ! mon Dieu ! les drôles de vaches ! Et puis comment a-t-on pu avoir l'idée de les mettre aux champs par un temps pareil ?

— Cachons-nous derrière cette haie, dit le mari, ces animaux viennent de notre côté, nous saurons tout à l'heure ce qu'il en est.

Effectivement, arrivés à une vingtaine de pas de cet abri, les deux pseudo-ruminants se disposaient à faire volte-face, lorsque le baron ayant appelé Arthur d'une voix de stentor, l'une des deux vaches s'arrêta brusquement.

— Venez donc ici, Arthur, poursuivit le mari impitoyable, c'est votre cousine qui a tenu à être témoin de vos exploits.

Le pauvre officier dut s'exécuter bon gré, mal gré, et, la tête de carton sous le bras, exhibant le hideux bonnet de coton qu'il avait coiffé, remorquant son burlesque accroutrement, il lui fallut venir baiser la main de la jolie châtelaine, qui riait aux éclats.

A peine ai-je besoin d'ajouter que le mari dormit tranquille à dater de cette entrevue.

16

LA PÊCHE

L'ouverture de la pêche tend à devenir pour les Parisiens une de leurs solennités les plus chères. Ce sport s'implante dans ses goûts avec une intensité à laquelle nous ne saurions qu'applaudir. Les distractions que procurent l'innocent goujon, l'ablette sémillante, sont infiniment plus économiques, plus salutaires pour l'esprit et pour le corps que celles qui se débitent chez le marchand de vin. Le plus sûr indice de ces tendances, nous le trouvons dans l'empressement de l'industrie à les servir ou à s'en servir. Il n'est plus de quincaillier qui n'ait entamé une concurrence dans les règles contre le célèbre Martin-pêcheur de feu Kresz aîné ; tout le monde s'en mêle; il n'est pas jusqu'à tel grand magasin de nouveautés qui ne se soit avisé de s'adjoindre cette spécialité. Il a, dit-on, débité ses cannes à pêche par milliers; Dieu veuille que ce succès ne lui tourne pas la tête ; qu'il ne cède pas à la tentation de compléter l'assortiment en donnant dans ses rayons, au-dessous de la soie à la mode, une place à l'amorce par excellence,

à la pierre angulaire de la friture, à l'asticot, puisqu'il faut l'appeler par son nom.

Cependant nous restons loin de l'enthousiasme des Marseillais pour l'hameçon ; là-bas, où
la ferveur des fidèles est stimulée par la perspective d'une bouillabaisse, c'est un culte universel.
Il me souvient qu'un dimanche, me promenant
en bateau dans cette admirable golfe qui s'étend
de la pointe du vieux port jusqu'au cap qui termine la côte de Montredon, j'avais entrepris le
dénombrement des descendants des Phocéens
que nous apercevions immobiles, la ligne à la
main, sur les roches, et sous un soleil chauffant
à une quarantaine de degrés. Arrivé à dix-sept
cents, je me demandai grâce à moi-même ; l'é-
pouvante commençait à me gagner.

Le 15 juin, les bords de la Seine présentent
un spectacle du même genre ; dès cinq heures
du matin, les deux rives, les îlots du fleuve au
dehors de la ville, les quais, les bateaux, les trains
de bois dans l'intérieur sont envahis par une
foule bigarrée ; aux bouches d'égoût, les amateurs s'accumulent, ils deviennent multitude ,
ce sont les bonnes places ; il est de hauts grades
et de beaux emplois convoités avec moins de
concupiscence. Tout ce jalonnement humain
dans l'attitude d'ordonnance : la canne horizon-

tale, a les yeux fixés sur la plume qui court en ondulant dans les remous. A chacun de ses mouvements, l'anxiété se traduit sur la physionomie de ces disciples de saint Pierre ; on les voit ferrer d'une main impatiente. Il est clair que dans les rêves du sommeil fiévreux qui a préludé à ce grand jour, chacun d'eux a entrevu le brochet de quinze livres dont les journaux annonceront invariablement la capture le lendemain, et se croit prédestiné à en devenir l'heureux vainqueur.

Ce que cette petite armée a de plus remarquable, c'est sa taciturnité. A la pêche, la véhémence de la passion se traduit par le mutisme et par l'immobilité ; c'est là surtout que le silence est d'or. C'est à peine si de loin en loin quelques sceptiques moins amoureux du poisson que du grand air, de l'eau qui court, de la saulaie qui verdoye, se risquent à troubler par leurs chants, par leurs rires, le recueillement général; il faut entendre alors l'accent avec lequel les voisins leur prodiguent l'épithète écrasante de pêchaillons.

Ce sont ces indignes qui conservent religieusement la tradition des bonnes farces, et les ouvertures, chasse ou pêche, leur servent toujours de prétexte pour les ressusciter: chez les chasseurs, elles consistent à faire fusiller par quelque

néophyte une peau de lapin rembourrée de foin ;
au bord de l'eau, on accroche toutes sortes de
vilenies à la ligne du débutant. C'est vieux comme
une pièce de Molière, et le succès n'en est pas
moins immortel. C'est ainsi qu'un jour j'étais
témoin de la stupéfaction d'un bon jeune homme
qui avait extrait, non sans émotion, de la Marne,
un admirable hareng saur. Quand il eut constaté
l'état civil de son butin, il le jeta sur l'herbe, en
adressant aux mauvais plaisants cette dédaigneuse apostrophe :

— Faut-il que vous soyez assez simples pour
vous être figuré que j'ignorais que ce n'est que
dans l'Océan que l'on pêche le hareng saur.

PÊCHE A LA LIGNE

Saint Pierre, le patron des pêcheurs, se montre quelquefois comme celui de la chasse, disposé à tenir rigueur à ses fidèles. En 1877, il leur avait, il est vrai, ménagé pour le jour de l'ouverture, des eaux parfaitement troubles, condition essentielle au succès de bien d'autres pêches que de la pêche du poisson ; mais il a aussi tempéré leur zèle par tant et de si vigoureuses ondées, que les plus courageux n'ont pas persévéré dans le petit travail dont la frétillante ablette et le goujon aux écailles azurées devaient être le prix.

Si nous parlons un peu légèrement de leur déconvenue, nous ne le regrettons pas moins très sérieusement. Nous ne sommes pas de ceux qui placent la pêche au plus bas degré de ce que M. Eugène Chapus appelait l'échelle sportique ! C'est un plaisir de petites gens, soit, c'est précisément pour cela qu'elle nous intéresse. Les riches trouvent toujours des récréations de supplément ; celles du pauvre lui sont si chichement mesurées que nous avons le devoir de nous montrer jaloux des seules qu'il peut se procurer. Et puis, c'est surtout ici que l'éclectisme est de rigueur.

Une grande comédienne qui se targuait de gastronomie, mademoiselle Mars, connaissait la valeur des oppositions en toutes choses ; elle disait un jour à son cuisinier devant sa camarade, mademoiselle Dupont : — Chef, faites-moi donc un de ces petits plats canailles comme j'en mange quelquefois, chez cette bonne Dupont, il n'y a qu'eux pour me remettre en appétit. — Adorez les courses, la chasse si bon vous semble, mais ne dédaignez point la pêche, voilà le résumé de notre opinion sur la question.

Moins bruyante, moins mouvementée, la pêche a l'avantage de se circonscrire dans le plus agréable, dans le plus délicieux de tous les théâtres. La plaine et les bois, la montagne et les vallées ont leurs charmes spéciaux, mais qui ne sauraient l'emporter sur ceux de cette belle rivière aux eaux étincelantes, serpentant doucement entre des rives toujours vertes, toujours fleuries, dans un double encadrement de saulaies grisâtres, d'aunes aux feuilles sombres que dominent, çà et là, les flèches verdoyantes des peupliers. Quand le soleil est sur tout cela, quand ses rayons doucement tamisés par les dômes feuillus font

courir des fusées d'or dans l'ombre des bords,
quand la jonchée ondule au souffle de la brise
avec d'harmonieux murmures et que, enfoui
dans les herbes, la ligne à la main, vous contem-
plez ce tableau, la splendeur de la mise en scène
suffirait à assurer le succès de la pièce.

Nos maîtres, en fait de distractions rustiques,
les Anglais, ne partagent point notre superbe indifférence à l'endroit de la pêche. Celle de la
truite n'est guère moins en honneur chez eux
que la chasse au renard ; elle leur inspire souvent
l'abnégation, l'âpreté qui caractérisent les véritables passions. J'ai retrouvé à l'exposition canine un gentleman qui fait tous les ans quelques
quatre cents lieues pour s'en aller pêcher des
truites dans le département de l'Ain. Je crois que
le monde entier s'abîmerait dans un cataclysme
que, si son ruisseau favori était respecté, sir R...
ne s'en montrerait que médiocrement ému et
vous allez en juger :

Un jour, il en explorait les rives en compagnie
de l'aubergiste qui avait l'honneur de l'héberger.
Celui-ci s'étant maladroitement rapproché au
moment où le pêcheur donnait la volée à sa
ligne, l'hameçon s'engagea dans la paupière du
pauvre diable, non sans y causer de notables
avaries. L'Anglais dégagea froidement l'aiguillon,

en ajusta l'amorce, et comme l'aubergiste conti-
nuait de crier comme un brûlé : — Aoh ! lui dit-
il à demi-voix, vous mettrez l'œil à vous sur le
petite note ; mais vous devez taire vous, pour ne
pas effrayer. mon poisson ! — Et la ligne ayant
recommencé son évolution interrompue, cette
exquise sensibilité eut une fort belle truite pour
récompense.

Autre exemple du stoïcisme que peut inspirer
l'amour de la pêche :

En 1871, je parvenais à pénétrer dans Paris
trois jours après l'entrée des troupes de Versailles, au moment où la lutte redoublait de
fureur. Une voiture nous avait déposés devant
la barrière des Bons-hommes. Mon permis visé,
j'obtins l'autorisation de franchir le pont de ma-
driers qui avait été jeté sur le fossé, et après une
première contemplation des deux lignes de
ruines qui s'allongeaient parallèlement devant
moi, je pris sur la droite, je longeai ies fortifica-
tions afin de voir de plus près les dégâts du via-
duc du Point-du-Jour. En arrivant au bord de
l'eau j'aperçus assis sur l'herbe verte de la berge
un brave homme dont toute l'attention était
concentrée sur le bouchon d'une ligne qu'il
tenait à la main. La quiétude de ce personnage,
au milieu d'une aussi effroyable mise en scène,

était curieuse à observer; je m'approchai et
j'entamai la conversation par la formule consa-
crée :

— Eh bien ! cela mord-il ?

L'homme haussa imperceptiblement les épaules, et, avec un accent rempli d'amertume, il me
dit :

— Comment diable voulez-vous que ça morde,
avec le satané tapage qu'ils font là-bas !

Ils, c'étaient les batteries de Versailles et de
la Commune qui échangeaient bordées sur bordées !

Avec cet antécédent, vous comprendrez que
si, en arrivant sur les bords du Styx, je vois un
de mes compagnons de voyage profiter du passage pour amorcer les goujons des eaux infer-
nales, je dirai tout simplement : — C'est un
pêcheur ! mais ne perdrai pas mon temps en
étonnements superflus. Le pêcheur réalise de
tout point le programme du juste d'Horace ; rien
ne l'émeut, rien ne le trouble, rien, si ce n'est
cependant la rupture du crin qui doit lui ramener son butin.

Dans toutes les inondations, tandis que les uns
procèdent au sauvetage des inondés ou de leurs
biens, que d'autres s'apitoyent sur le sort des
victimes, que tous suivent les progrès de la

crue avec une curiosité inquiète, il ne manque
jamais, sur les rives du fleuve, de disciples de
saint Pierre pour y jeter la ligne avec l'im-
passibilité professionnelle, tandis que d'autres, plus inaccessibles à la terreur, affrontent
gaillardement les flots déchaînés, les courants
irrésistibles et les rafales de la tourmente pour
s'en aller en bateau relever un verveux ou donner un coup d'épervier. L'intrépidité de ceux-ci
a quelquefois sa récompense ; quant à ceux-là,
il est douteux qu'ils rapportent de leur expédition autre chose que des rhumes de cerveau.

Quand une crue se manifeste dans une rivière, le poisson, gros ou petit, se met en mouvement. Sûrement guidé par son instinct, il
gagne les rives où le courant est moins violent,
et les remonte à la recherche d'un abri. A ce moment, les engins dormants, verveux et nasses,
s'ils sont bien placés, réalisent de véritables au-
baines, ainsi que l'épervier quand on le jette à
coups perdus. A la suite de cette première crise,
le peuple des eaux se cantonne suivant sa taille
et sa force, mais toujours de façon à être le moins
possible entraîné loin de son habitat ordinaire,
par la violence du courant. Les gros poissons
ont trouvé leur refuge tantôt dans les grands
fonds vaseux, tantôt dans les cavernes des ber-

ges ; dans les contrées où la pêche n'est pas intelligemment et activement surveillée, la truble ou braye fait des razzias destructives de ceux qui se sont réfugiés dans ces derniers asiles. Quant au fretin, il continue de monter, de se répandre sur les rives avec le flot ; là, on peut le traquer avec le gile, l'échiquier à recaler et l'épervier. Quant à la pêche à la ligne, nous le répétons, elle est absolument illusoire en temps de crue : soit que le trouble qu'il éprouve en se voyant chassé de sa demeure fasse du tort à son appétit, soit qu'il trouve largement sa provende sur ces terrains herbeux, riches en insectes, en vermisseaux, le poisson se montre, en pareil cas, superlativement dédaigneux de toutes nos amorces.

LE PROFESSEUR DE PÊCHE

J'ai connu un pêcheur qui n'était ni un littérateur comme Walter-Scott qui pêchait, comme Maquet qui pêche encore, ni un Rossini, ni un Humphrey Davy, ni un J. Lafitte, ni un Tulou, ni un Habeneck, ni un Th. Rousseau, les plus illustres des disciples de saint Pierre ; cependant ce pêcheur, dans son humble sphère de marchand, n'en fournissait pas moins un éclatant démenti au proverbe qui place invariablement un imbécile à l'un des bouts de la ligne.

Cet homme se nommait Kresz aîné. Le premier il avait fait une sérieuse industrie de ce qui, jusqu'à lui, était à peine un métier, en logeant dans un magasin splendide les engins de pêche installés autrefois en plein vent sur les quais ou dans de sordides échoppes. Il faudrait des pages pour donner une idée de la verve, de la faconde, de l'originalité que Kresz aîné mettait au service de ses produits. Sa passion très sincère pour la pêche, son humour, ses saillies, inspiraient une certaine indulgence pour l'énormité de ses hâbleries.

C'était lui qui prétendait reconnaître à une

certaine saveur de l'eau, l'espèce de poisson du
bras de rivière qu'il s'agissait d'explorer ; lui
qui, sur dix lignes posées sur la rive, détermi-
nait à l'avance celle qui pêcherait; prophétie
rarement démentie parce que, d'après ses détracteurs, il avait toujours dans les environs un
compère pour accrocher un poisson à l'hameçon
indiqué ; lui, enfin, qui avait découvert que lorsque la carpe dédaignait l'amorce, ce manque
d'appétit indiquait le besoin d'une purgation, et
qui vendait fort cher, aux amateurs, de grosses
fèves cuites avec de la casse ou du séné pour
remédier aux inconvénients de cet état plétho-
rique des cyprins.

Cumulant la double qualité de négociant et
de professeur de pêche à la ligne, le marchand
fournissait des élèves au professeur, le professeur
amenait des clients au marchand, et ce fut ainsi
qu'il réalisa le rêve presque irréalisable de s'en-
richir en s'amusant.

Un manque de tact fit cependant pâlir son
étoile. Après avoir initié des grands seigneurs,
des banquiers aux mystères de son art, Krescz
fut appelé à exercer son professorat sur les marches du trône ; en 1834, monseigneur le duc
d'Orléans le fit venir à Neuilly pour apprendre
de lui à jeter l'épervier.

L'humeur joviale de Krescz, la vivacité de ses
ripostes, eurent un succès énorme ; le fils aîné
de Louis-Philippe, et les princes ses frères, alors
fort jeunes, s'amusaient beaucoup des sorties
grotesques du nouveau maître. Lorsque pendant plus d'un mois on eut lancé le filet sur les
pelouses, monseigneur le duc d'Orléans désira
voir autre chose que des marguerites dans ses
mailles, il organisa une grande partie de pêche
à laquelle toute la famille royale fut conviée.

Le roi, la reine et les princesses étaient montés dans une barque qui suivait à quelque distance celle qui devait remplir le rôle principal
dans l'action et dans laquelle se trouvaient les
jeunes gens et leur professeur. Krescz tenait les
avirons ; debout sur la levée, monseigneur le duc
d'Orléans apprêtait son outil ; mais comme toujours, au moment décisif, le débutant avait perdu
la meilleure partie de ses moyens, il négligeait
les précautions les plus essentielles, et Krescz,
dont l'honneur était engagé, maugréait avec sa
véhémence ordinaire. Il avait bien mis des
sourdines à son indignation dont les éclats
n'arrivaient pas jusqu'à la barque royale, mais
on n'en perdait pas une syllabe dans l'embarca-
tion des pêcheurs où l'éloquence du professeur
produisait son effet ordinaire.

Au moment où l'on arrivait à un endroit désigné, lorsque le duc d'Orléans, arrondissant les bras, fit un mouvement en arrière pour donner l'élan nécessaire à l'outil, une partie du filet se dégagea de son épaule. Krescz poussa une imprécation terrible quoique contenue ; le fou rire gagna le prince qui, lâchant l'épervier, le laissa tomber dans la rivière, où il s'arrondit non pas comme une roue, mais comme un manchon.

— Décidément, monseigneur, s'écria Krescz, empourpré de colère, vous ne serez jamais plus adroit de vos mains qu'un c..... de sa queue.

Les princes, grands et petits, se tordaient sur leurs bancs ; mais l'hilarité ne s'étendit point à la barque royale. Le professeur fut généreusement récompensé de ses soins, mais on ne lui demanda point de continuer l'éducation de pêcheur qu'il avait pourtant si brillament commencée.

PISCICULTURE

Il faut avouer que si nous sommes des gens de beaucoup d'esprit; si nous ne manquons ni de génie dans les arts, ni d'habileté dans l'industrie, nous sommes infiniment moins forts dans la pratique de ce qui se rattache à l'économie vulgaire; mais si les individualités restent quelquefois au-dessous de leur tâche dans ces sortes de questions, c'est bien une autre affaire lorsque la communauté exécute; le plus souvent un enfant s'en tirerait un peu mieux. Vous avez, je le suppose, un coin de terre infecté de chiendent, piétiné par les passants et ravagé par les petits rongeurs, dans lequel il vous semble, qu'en somme, vous pourriez obtenir une récolte de blé; si novice que vous soyez dans les choses agricoles, vous vous garderez bien de semer avant d'avoir entouré votre emblave, détruit les souris et les mulots, et extirpé jusqu'au dernier brin de la plante parasite, et ce faisant vous ferez bien.

L'État au contraire qui, nous représentant tous, devrait avoir trente-six millions de fois autant de bon sens que chacun de nous, admet

17

naïvement que sa qualité le met au-dessus de ces détails préparatoires ; il s'en dispense et commence par les semailles. Et quelles semailles, grand Dieu ! dignes de sa toute-puissance ; celles dont je veux parler ont coûté une dizaine de millions, dont le chiendent a eu raison, ni plus ni moins que du grain de blé que vous auriez confié à votre terre.

Il y a une vingtaine d'années, quelqu'un s'avisa que le gaspillage insensé de la population de nos rivières en avait amené l'anéantissement ; il le dit en faisant remarquer que ce vide enlevait à la consommation générale une ressource alimentaire énorme et d'autant plus précieuse qu'elle est à peu près la seule qui ne coute ni labours, ni semailles, ni fumures, ni travaux, ni peine autre que celle de recueillir. L'observation eût probablement eu le sort des boutades de ces bilieux qui trouvent que tout n'est pas dans le meilleur des mondes ; mais dans ce moment même, deux braves gens, deux humbles pêcheurs des Vosges, en traçant les règles de la fécondation artificielle, avaient facilité la solution du problème. Le gouvernement d'alors céda aux instances de M. Coste ; des établissements de pisciculture furent créés à grands frais ; on commença à faire tomber une pluie de truites

dans tous les bassins, et comme ce même gouvernement donnait le branle à la mode, le public
s'engoua à son tour de cette science originale et
nouvelle ; des petits aquariums piscicoles avec
cascatelles eurent leur place dans les salons
du meilleur monde ; tout le monde s'en mêla,
et tandis que l'État jetait les millions dans les
rivières, nous pouvons citer tel brave bourgeois
qui dépensa une centaine de mille francs pour
faire foisonner les salmonidés dans un ruisseau
qui traversait sa propriété.

Avec un pareil élan, nos eaux eussent dû se
trouver repeuplées comme par enchantement ;
mais, il y avait ce chiendent dont personne n'a-
vait eu cure, le chiendent, c'est-à-dire les habitudes de déprédation, le braconnage nocturne,
le dédain de ce genre de propriété, les engins
destructeurs et par-dessus tout les façons de la
féodalité industrielle empestant les rivières qui
font tourner leurs roues et leurs hélices, par les
résidus infects et délétères de leurs manipula-
tions. Faute d'avoir pensé, d'abord, à ce parasitisme mortel et d'avoir commencé par en débarrasser le champ que l'on voulait rendre fécond, cet accès de bonne volonté générale s'est
dépensé en pure perte, tant d'immenses sacrifices n'ont pas modifié la situation ; celle de la

population de nos cours d'eau se qualifie toujours par ce mot : néant.

Mais, enfin, il y a des lois, me direz-vous ? Des lois ! la belle affaire ; des lois que personne n'observe et qu'on ne fait pas beaucoup plus observer me rappellent ce papier timbré, sur lequel un vivant de la génération précédente avait libellé un effet de deux mille francs et qu'il présentait à son créancier en lui disant : « Tenez, vous aviez un papier qui, tout à l'heure valait dix sous, maintenant il ne vaut plus rien du tout. »

Est-ce que, même à Paris, le commerce du poisson pendant la période de la prohibition de la pêche subit jamais la moindre entrave? Est-ce que cette irrécusable preuve du délit commis ne s'étale pas effrontément à cette époque comme à d'autres ? Par ce qui se passe dans cette ville, où l'autorité est à la fois très vigilante et très ferme sur tant de points, jugez donc de ce que cela doit être dans nos campagnes, où cette loi dont vous parlez n'a d'autre porte-respect qu'un pauvre diable de garde champêtre, trop jaloux de son repos pour traquer les voleurs de poisson, s'ils ont la précaution de ne pas trop abîmer les foins ; s'il s'agissait d'un litre ou deux de pommes de terre, à la bonne heure.

La première précaution qui eût été à prendre

(ce n'était pas une petite besogne) consistait à démontrer à nos populations qu'elles avaient tort de se désintéresser de la pêche ; que la présence du poisson dans les eaux qui baignent leurs communes est un bienfait et peut devenir une source sérieuse de richesse. C'est pour cela, c'est afin que cette vérité leur crevât les yeux, qu'il eût peut-être été sage de commencer l'œuvre du repeuplement par des espèces moins délicates et moins nomades que ne l'est la truite. Quoi qu'il en soit, il ne nous semble pas que l'État ait à intervenir autrement que pour modifier la législation et la rendre efficacement protectrice. La question piscicole des eaux incombe uniquement aux conseils municipaux et départementaux.

Une création du conseil général y suffit dans le Puy-de-Dôme ; ce conseil a fondé une école de pisciculture à Clermont, il n'en a pas fallu plus pour multiplier en Auvergne des établissements producteurs de truites, desquels dans son dernier rapport à M. le ministre de la marine, M. Bouchon-Brandely, constate la prospérité. Nous connaissons un maire qui, à lui tout seul, a opéré une reconstitution plus terre à terre et néanmoins fort utile à ses administrés. Sa commune possède une mare très propice au frayage

de la carpe ; tous les ans il en fait pêcher l'alevin,
il le fait déposer dans son bout de rivière, devenu
rapidement très poissonneux. Ce n'est certainement pas un trait de génie, et cependant le problème aurait fait un grand pas si cet intelligent
magistrat trouvait beaucoup d'imitateurs.

Ces réflexions nous ont été inspirées par une lettre qui nous a été adressée, dans laquelle on nous
signale la situation lamentable qui est faite à une
rivière de la Charente qu'on appelle la Touvre.

Nous serons forcés de laisser de côté les
charmes pittoresques qu'on nous vante, pour
nous préoccuper uniquement d'un privilège, que
nos malheureux ruisseaux du Nord, du Centre,
de l'Est ou de l'Ouest, sont aujourd'hui, hélas !
réduits à envier à la Touvre, celui de nourrir
dans ses ondes cristallines d'assez nombreux
échantillons du plus joli et du plus délicat de
nos poissons indigènes, et de représenter par
conséquent les eaux d'élection du pêcheur à la
ligne. C'était bien beau pour durer et encore
plus humiliant pour les camarades de la Naïade
charentaise ! Une fabrique de papier s'est imposée la tâche de réduire la Touvre à une pratique
plus correcte du grand principe de l'égalité, en
déchargeant à bouche en veux-tu, dans son lit,
les résidus de chlore et autres substances aussi

agréablement odoriférantes et non moins hygié-
niques pour le peuple écaillé, sans parler d'autres immondices plus inavouables, en un mot,
en métamorphosant en sentine la riante rivière
aux eaux pures qui se mêlait étourdiment d'a-
grémenter la vallée.

La destruction des truites, qui ne peut manquer de se réaliser à brève échéance, est fâcheuse sans doute ; mais cette infection perma-
nente du cours d'eau qui fait la fortune du fabricant a des conséquences encore plus graves ; il
est possible que les bipèdes qui commettront
l'imprudence de s'y désaltérer, n'aient pas à
se promener le ventre en l'air comme cela arrive
aux poissons, néanmoins il nous paraît excessi-
vement douteux que cette boisson contribue à
les entretenir en santé. Il est vrai qu'ils ne s'en
plaignent que tout bas ; mais c'est uniquement
parce que, dans la Charente comme partout, le
petit monde des alentours, vivant de l'usine,
n'ose pas trop regimber contre son maître et seigneur. En vérité ce n'était guère la peine que la
nuit du 4 août délivrât la France des droits
odieux de garenne et de colombier, si celui de
l'empoisonnement des rivières devait s'implanter
chez nous à leur place.

Notre correspondant nous fait l'honneur de

nous demander notre avis; nous lui avons répondu que nous ne voyons qu'un parti à prendre : il consisterait à s'assurer si, par hasard, Berlin n'ayant pas accaparé tous les juges, il n'en resterait pas quelques-uns à Angoulême? Une première fois, l'année dernière, les toxiques ayant été distribués d'une main trop prodigue, le poisson fut anéanti sur un parcours d'un kilomètre; ce qu'en contenaient les réservoirs des pêcheurs établis sur la rive n'eut pas un meilleur sort que celui des eaux libres : tout périt. Une indemnité fut offerte; les intéressés eurent le grand tort de l'accepter; c'était le cas ou jamais d'en finir avec cet abus, c'est-à-dire de plaider. Il est interdit, sous des peines sévères, de verser quelques litres de chaux ou quelques grammes de coque du Levant dans un ruisseau pour en capturer les goujons sans trop de peine ; la nature de la substance n'atténue point le délit, non plus que sa répétition constante. Ce ne sont pas seulement les plaisirs de mon correspondant que j'ai en vue en lui conseillant une défense énergique; si, comme il me l'affirme, tous les intérêts des riverains sont lésés et la santé publique menacée, cette défense est un devoir social. Dans nos campagnes, où tant de pauvres gens sont réduits à souffrir et à se taire, quoique en murmurant, les hommes que leur situation met à l'abri des coups de griffes doivent résolûment prendre en main la cause commune, et sans marchander se substituer à leurs voisins, moins favorisés de la fortune, pour attacher le grelot au cou de Rodilard. On fait ainsi de la solidarité, et de la bonne.

Les autorisations de construction d'usines sur les cours d'eau ne sont jamais accordées que sous la réserve des droits des tiers, à la condition que ceux-ci n'en éprouveront aucun préjudice ; elles sont toujours révocables ; les riverains intéressés peuvent en poursuivre la révocation devant les tribunaux administratifs, conseil de préfecture, conseil d'État, après avoir obtenu réparation de dommage des tribunaux ordinaires, ou la répression des infractions des règlements qui concernent les cours d'eau, des tribunaux de police.

Un litige judiciaire n'a rien de bien friand, nous le savons; mais, puisque la société moderne ne connaît plus d'autre champ clos, il faut bien en passer par celui-là. Notre correspondant trouvera du reste une consolation aux ennuis à lui réservés, dans cette conviction que son papier timbré servira plus efficacement à la reconstitution de ces salmonidés qu'il a en si

haute estime, que tous les millions prodigués à
leur culture. Ce sont bien plus les installations
défectueuses des usines qui ont ruiné nos rivières que le braconnage ; qu'il obtienne un bon
arrêt déterminant où finit l'usage, où commence
l'abus des eaux communes, et les imitateurs ne
manqueront point à l'exemple qu'il aura donné.
C'est en cela surtout qu'il est essentiel de faire
sauter le premier mouton.

PÊCHERIES MARITIMES

Il est impossible de passer quelques jours sur les côtes de l'Océan ou de la Manche sans être frappé de la pénurie toujours croissante de nos pêcheries, et surtout de la parfaite philosophie avec laquelle public et gouvernement voient graduellement se tarir une des plus précieuses ressources de l'alimentation générale. La ruine de nos bancs d'huîtres est un fait absolument accompli. Les journaux annoncent, il est vrai, de temps en temps, la découverte de nouveaux gisements beaucoup plus riches que n'étaient les anciens ; mais soyez bien convaincus que c'est de leur part pure charité chrétienne, qu'ils n'ont d'autre but que d'alléger l'amertume avec laquelle les consommateurs se résignent à payer une douzaine de mollusques le triple de ce qu'elle coûtait autrefois ; quand on se renseigne auprès des intéressés sur la réalité de ces nouveaux trésors, ils sont précisément les seuls qui n'en aient jamais entendu parler.

Malgré le puissant concours de l'État, les louables tentatives de M. Coste pour la création de bancs artificiels ont misérablement échoué dans la rade de Brest, la baie de Saint-Brieuc, etc., aussi bien que dans l'étang de Thau et la Méditerranée. La décadence est si complète que nos parqueurs sont réduits à s'approvisionner en Angleterre, en Portugal, et que quelques-uns songent même à tirer leurs huîtres d'Amérique. Sous ce rapport, l'ostréiculture est l'unique espoir qui nous reste ; après tant d'essais infructueux, elle semble entrée dans une phase plus satisfaisante ; elle a déjà fourni de bons résultats à Arcachon, dans l'île de Ré ; il est devenu probable qu'à force de tàtonnements, on finira par fixer une méthode de culture de l'huître assez rationnelle pour se généraliser et nous permettre de réparer la perte que nous devons à notre avidité imprévoyante.

Pour être moins évident en ce qui concerne le poisson, le déficit n'en existe pas moins ; tous les gens du métier que l'on interroge vous démontrent que la pêche côtière ne rend plus aujourd'hui même la moitié de ce qu'elle donnait autrefois. Pour si peu qu'on y réfléchisse, on comprend qu'il ne saurait en être autrement : la facilité et la rapidité des communications, en centuplant le nombre des débouchés, ont provoqué une hausse considérable dans les prix, et cette hausse a multiplié le nombre des pêcheurs

en même temps qu'elle stimulait leur activité.
Ceci ne serait rien encore si on avait usé avec
sagesse de ce plus fécond de tous les champs
d'œuvre ; mais il en a été du poisson comme des
huîtrières, personne n'a songé à sauvegarder le
lendemain ; sans parler des razzias destructives
des bas fonds, cet engin barbare qu'on appelle le
chalut et qui râcle jour et nuit la Manche,
anéantissait une douzaine de livres de frai, ou
de jeunes poissons, représentant peut-être cinquante kilogrammes de poissons adultes par
pièce qu'elle ramenait sur le pont du bateau. Et
cette exploitation à merci et miséricorde se
poursuit à l'heure où nous sommes ; elle se per-
pétuera d'années en années jusqu'à ce que nos
fonds épuisés se refusent à livrer leur prime au
travail le plus opiniâtre et que, comme l'huître,
le poisson arrive à valoir à peu près son pesant
d'or.

Cette indifférence pour les moissons marines
de l'avenir tient essentiellement à l'état collectif
dans lequel elles se présentent. La possession
individuelle fut la source du progrès et de la
prospérité agricoles ; la certitude de jouir seul
de la récolte devint l'origine du travail patient et
continu, base de la civilisation et de la grandeur
humaines. Le bienfait est inappréciable, il n'en a

pas moins son revers. Les errements égoïstes qui
résultèrent de cette légitime appropriation des
fruits par celui qui les avait cultivés, nous ont
rendus très peu aptes à l'usage des biens restés
communs ; le plus souvent nous prétendons nous
en servir avec des façons de brigandage qu'un
Apache ne désavouerait pas. C'est le tout que nous
ambitionnons ; nous daignons nous contenter du
plus gros morceau, mais ne nous parlez jamais
de conservation ou de semailles, tant nous domine
l'appréhension que notre peine, que notre rete-
nue ne profite à d'autres qu'à nous-même.

Evidemment, en ce qui concerne les posses-
sions collectives telle que celle qui nous occupe
aujourd'hui, notre éducation est à faire. Est-il
chimérique de rêver que nous saurons un
jour user de notre domaine maritime en bons
pères de famille, comme disent les baux de
MM. les notaires ? Je ne le pense pas. Avec l'in-
struction pour levier, des syndicats de pêcheurs,
une réglementation simple mais sévère pour
auxiliaires, on finirait par triompher de l'insouciance, de la cupidité aussi bien que de cette
terrible prédominance du moi, qui ont tant con-
tribué à dépeupler les pêcheries du littoral. Il ne
faudrait que le vouloir, et le moment serait
opportun pour y songer. L'alma mater, la terre,

se dérobe ; fatiguée, énervée, épuisée, elle demande grâce ; ce n'est plus que d'une main avare qu'elle donne le trèfle et la luzerne ; la vigne va peut-être nous échapper ; nous luttons pied à pied pour nous conserver la pomme-de-terre, et il n'est pas bien sûr que la victoire soit à nous. Nous sommes encore menacés dans bien d'autres de nos richesses végétales ; songeons à la mer, à ce merveilleux atelier de production, où les transformations de la mort et de la vie sont pour ainsi dire instantanées, dont les eaux, dont les végétations, dont les sables grouillent d'êtres assimilables, lesquels ont été doués de telles facultés de multiplication que la science seule parvient à en fixer les limites ; songeons à la mer, non plus seulement pour en exiger tributs sur tributs, mais pour la cultiver à son tour comme nous avons cultivé la terre.

Je vous raconterai pour finir une petite anecdote que je n'ai pas négligé d'ajouter à mon bagage dans ma dernière excursion sur le littoral. Ils étaient deux, le mari et la femme, évidemment en voyage de noces. Nous étions descendus au même hôtel et arrivés précisément à l'heure du dîner. Le repas terminé, nous nous dirigeâmes encore tous les trois vers le petit port ; j'étais impatient de saluer l'Océan, ma

vieille connaissance. Le jeune homme ne nous
avait pas dissimulé qu'il se faisait une fête de
la surprise, de l'admiration que ce spectacle
grandiose exciterait chez sa compagne, qui le
voyait pour la première fois. Arrivés sur la jetée,
je restai en arrière par discrétion ; si elle me
défendait d'écouter, elle ne m'interdisait pas
d'entendre. Ils marchaient côte à côte, elle
appuyée sur lui. Le mari gardait un religieux
silence, ne voulant sans doute pas troubler les
impressions avec lesquelles ce jeune cœur devait
se trouver aux prises. Ils allèrent ainsi jusqu'à
l'extrémité de l'estacade ; elle s'accouda sur la
rampe qui la termine, et, enveloppant d'un
regard l'immense horizon dont les lignes d'un
bleu sombre commençaient à se confondre, elle
s'écria avec un soupir et un sentiment également
profonds :

— Mon Dieu, que ça sent donc les huîtres !

L'OSTRÉICULTURE

Tous les ans, dans les alentours du mois de septembre, on fait espérer aux Parisiens que le prix des huîtres, dont ils sont, comme vous le savez, des amateurs forcenés, va se décider à baisser, et, loin que cette agréable perspective se réalise, chaque année aussi la valeur de l'aimable mollusque s'élève de pas mal de centimes.

Ce renchérissement excessif, si nous nous reportons au temps heureux où, comme l'esprit, le bivalve courait les rues de la grande ville, tient à plus d'une cause : la première, la moins contestable, il faut la voir dans la progression continue des facilités de communication ; grâce à elles, l'huître arrive partout en quantités. Le développement de la consommation a produit la hausse ; il ne pouvait pas en être autrement. L'imprévoyance avec laquelle nous avons usé et surtout abusé de nos bancs représente la seconde de ces causes ; on doit chercher la troisième dans les exigences des braves pêcheurs qui se livrent à la drague, lesquelles se sont nécessairement accrues en raison de la cherté des denrées nécessaires à la vie et aussi parce

qu'ils ont fini par apprécier la valeur exacte
d'une marchandise si recherchée.

On avait beaucoup compté sur l'ostréiculture
pour ramener les huîtres à leur cours normal ;
au temps où les travaux de M. Coste avaient mis
la pisciculture à la mode, nombre de gens
croyaient toucher à cet âge d'or que M. de Bis-
marck faisait dernièrement entrevoir à ses Prussiens et dans lequel on n'aura plus qu'un em-
barras, celui de savoir si on assaisonnera ou non
les mollusques d'un jus de citron ! Malheureusement il fallut en rabattre beaucoup. Les hui-
trières d'Arcachon placées dans des conditions
exceptionnellement favorables, donnent, il est
vrai, des résultats merveilleux ; mais on fut loin
d'être aussi heureux au début sur les côtes de la
Bretagne. Mme Sarah Félix se trouva forcée de
renoncer à cette industrie maritime pour se vouer
au rajeunissement de la chevelure de ses contemporains. Un ostréiculteur plus sérieux, feu le
vicomte de Dax, qui fut aussi directeur du journal *La chasse illustrée*, m'a bien souvent raconté
les mécomptes, les déceptions qu'il avait essuyés
dans une entreprise de ce genre fondée aux environs de Vannes et où il laissa une grande partie de sa fortune. L'insuccès fut le même à Pri-
ner, à Tréguier, à Paimpol, etc.

Je suis loin de vouloir conclure de ces antécédents que l'ostréiculture doit être considérée comme une pure chimère en dehors de certains bassins privilégiés ; je ne pense pas du tout que les côtes de la péninsule bretonne, où les bancs naturels sont nombreux, ou l'huître est d'une qualité vraiment supérieure, soient complètement impropres à la multiplication artificielle. Je crois, au contraire, qu'en observant plus judicieusement les mœurs du mollusque, — il a des mœurs, n'en déplaise à nos préjugés, — en se préoccupant un peu moins de placer son huîtrière à l'abri des coups de mains des rôdeurs, et davantage de ménager à ses produits l'espace qui paraît leur être nécessaire en adoptant les tuiles creuses et enduites pour collecteurs comme à Arcachon, les défaites du passé auront plus d'une revanche.

Je vous parlais de mœurs à propos des huîtres : ce qu'on entend par mœurs peut surtout être considéré comme étant la formule des lois de reproduction auxquelles obéissent tous les êtres, c'est-à-dire de leurs amours, et celles du molusque offrent une particularité assez bizarre. Elles affectent une pudeur longtemps attribuée à l'éléphant ; notre indiscrète curiosité les fait entrer en révolte ; dans leur pseudo-captivité elles cessent souvent de se reproduire ; leurs facultés d'engen-

drer, facultés bien puissantes cependant, puisqu'une seule huître peut fournir un million de
naissains, s'oblitèrent dans un parc trop étroit,
elle y devient ce que les gens du métier appellent
mule. Ce que j'ai retenu de mes causeries avec
M. de Dax, de mes visites aux théâtres des anciens établissements bretons, me permettent de
croire qu'en raison de la considération de sûreté
ci-dessus signalée, les premières expériences ont
été resser rées dans des bassins trop peu étendus
et que cette condition défavorable a été pour
beaucoup dans leurs insuccès.

D'un autre côté, peut-être certaines modifications dans la législation actuelle contribueraient-
elles également à relever nos bancs de leur décadence et à fournir aux huîtrières artificielles
des éléments de prospérité. On croit généralement que la drague des huîtres se poursuit pendant toute la période des mois marqués d'un r,
qui sont ceux ou l'hygiène nous autorise à les
manger ; il n'en est point ainsi. La pêche n'est
permise qu'à des époques déterminées par une
commission nommée par le ministre de la marine ; elle est circonscrite à un certain nombre
de jours ou même d'heures, elle s'exerce sous la
surveillance des agents de l'État. Les pêcheurs
anglais ont leurs coudées un peu plus franches.

Certains bancs des côtes sud et ouest, ceux de la baie de Portland, de Falmouth, de Swansea, sont, il est vrai, l'objet d'interdictions temporaires rigoureusement observées; mais on laisse aux pêcheurs la faculté de draguer à leur guise sur les bancs qui ne donnent pas de naissain. Il est juste d'ajouter que ces pêcheurs se gardent bien de tuer la poule aux œufs d'or, comme cela nous arrive trop souvent. Formés en *guilds* ou corporations, non-seulement ils profitent de l'association de leurs capitaux, mais la surveillance intéressée de ces associés les uns sur les autres nous paraît plus efficace que celle des avisos de l'État. Quand leurs outils ramènent du *brood* un naissain, ils le détachent soigneusement de son collecteur naturel, pierre ou débris, et rejettent ce dernier à la mer : quant aux huîtres embryonnaires, elles sont livrées aux établissements éducateurs, nombreux sur les côtes de la Grande-Bretagne. Pendant l'été ils savent se donner la peine de débarrasser les fonds huîtriers de leur végétations marines, si nuisibles à la reproduction du mollusque, en y promenant le chalut, etc. On est fondé à admettre que leurs errements valent mieux que les nôtres, puisque sur ce point nous sommes devenus leurs tributaires.

CASTRATION DE LA CARPE

Décidément, nous ne pouvons pas lutter avec les Anglais dans l'art de jouer de cet instrument qu'on appelle l'animal domestique, dans la science de pétrir, de façonner cette argile docile pour notre plus grand bénéfice. Notre infériorité sur ce point ne s'atteste pas seulement par les admirables améliorations de race, presque des créations qui ont été obtenues par nos voisins d'outre-Manche, on la constate dans les plus minces détails de l'économie rustique.

On a de tous temps vu paraître sur les marchés de Lyon, un poisson appartenant évidemment à la famille de la carpe, mais qui, par son corps plus court, sa tête plus obtuse et plus large, ses lèvres et son dos plus épais, son ventre plus aplati, différait du type général; il s'en distinguait encore davantage par l'exquise délicatesse de sa chair ; on crut lui devoir un nom spécial, on le baptisa le carpeau. On trouvait des carpeaux dans le Rhône, la Saône, les étangs de la Bresse et de la Dombe ; ils étaient fort rares, ils se vendaient à des prix très élevés. Il y a de longues années déjà, qu'un savant nommé Latourette découvrit que le soi-disant carpeau était tout simplement une carpe mâle, qu'un accident avait dans sa jeunesse privé des organes de la reproduction; il en a conclu que le genre de célibat, qui a été chanté par Béranger, est aussi favorable au développement de l'embonpoint et des qualités comestibles chez les poissons que chez les autres êtres.

Vous croyez peut-être qu'après cette démonstration, les propriétaires se sont immédiatement mis en mesure de ménager aux hôtes de leurs étangs, un état civil qui devait doubler leur mérite et leur valeur marchande ?

Pas du tout, que nous sachions; on s'est contenté, on se contente encore de se décharger sur la Providence du soin de faire des carpeaux, ainsi que de celui de les amener dans les filets; ce sont les Anglais qui ont régularisé l'accident.

La castration de la carpe se pratique chez eux sur une assez large échelle; l'opération réussit presque toujours, quand elle a lieu à l'époque du frai, c'est-à-dire quand les ovaires qu'il s'agit d'extraire sans blesser les intestins et l'artère, sont très apparents. La chair de la carpe ainsi traitée, acquiert une supériorité si marquée, que nous n'avons rien de mieux à faire que de reprendre à la Grande-Bretagne la méthode qu'elle nous a empruntée.

LE MOULIN A SAUMONS

Au moment de quitter Toulouse, après l'in-
nondation de 1875, je traversai le fleuve en bateau pour aller prendre le chemin de fer sur sa
rive gauche ; arrivé en avance, j'ai une grande
heure devant moi. Je la consacre à aller faire
mes adieux à cette farouche Garonne qui a semé
tant de ruines sur le pays que ses eaux ne de-
vraient que féconder. Je retrouve sur cette rive
gauche une machine de pêche que j'avais déjà
observée dans la traversée de Port-Sainte-Marie
à Agen et qui me rappelle le moulin à prières
que Dumas père avait vu en Kalmoukie et qui
l'étonnait toujours lorsqu'il en parlait, lui qui ne
s'étonnait guère.

Ce moulin à prières consistait en un énorme
cylindre recouvert en parchemin sur lequel
étaient écrites toutes sortes d'oraisons en caractères asiatiques. Quand le prince des Kalmouks
désirait élever son âme vers le Seigneur, un serviteur tournait une petite manivelle, faisait rouler
ce cylindre de façon à ce que les prières se pré-

sentassent tour à tour en face de l'autel. Le souverain gagnait le ciel en échappant à la fatigue de réciter ses patenôtres.

Mon moulin de la Garonne ne mène pas si haut, et ses profits sont de ce monde, mais il n'en est pas moins fort commode pour les pêcheurs — pêcheurs de poisson — qui redoutent de prendre de la peine : c'est un moulin à aloses. Il consiste en deux nappes d'échiquier, ajustées sur deux cadres formant angles droits qui se relient eux-mêmes à un arbre de couche. Cette disposition vous donne quelque chose comme une petite roue de moulin dont quatre filets formeraient les aubes.

A leurs angles, ces filets sont arrangés en forme d'entonnoir et aboutissent à deux gros tubes creux fabriqués avec des lattes, qui suivront tous les mouvements rotatoires de la roue.

Voici maintenant comment l'engin fonctionne : il est placé sur un bateau, amarré lui-même le long de la rive ; le courant met l'appareil en mouvement et chacune des aubes plongeant et se relevant tour à tour ramène et enlève le poisson malavisé qui est venu donner dans ses mailles. Ce poisson descend dans l'entonnoir, glisse de là dans le tube et tombe définitivement sur le plancher de la barque qui pourrait ainsi s'emplir, tandis que le pêcheur fume sa pipe mollement étendu sur l'herbe.

Ce merveilleux résultat ne doit pas être très fréquent; bien que je sois resté une grande demi-heure en contemplation devant l'orifice du tuyau, la satisfaction d'y voir passer un simple goujon m'a été refusée. On dit néanmoins cet engin que dans les crues qui ont précédé l'inondation, un esturgeon pesant cinquante livres était venu donner comme un benet dans un de ces pièges. Quoi qu'il en soit, le moulin à aloses m'a paru assez ingénieux et surtout assez original pour mériter d'être décrit.

LE CHEVREUIL

Les scènes de carnage auront beau avoir
émoussé votre sensibilité à l'endroit de certaines
agonies, votre cœur aura beau subir passive-
ment l'ascendant que l'estomac s'arroge sur le
reste de l'organisme, il est un gibier que vous ne
verrez jamais mourir sans quelque émotion,
dont les convulsions vous arracheront peut-être
plus qu'un banal mouvement de compassion, un
regret, le remords du chasseur. Sans doute l'impression sera fugitive et vite étouffée par la joie
que vous cause la vue de la proie opime que
vous avez conquise ; elle aura été assez poi-
gnante pour ressusciter sous la forme d'une vague tristesse lorsque l'enfièvrement de ce que, il
faut bien que vous me permettiez d'appeler la
bataille, se sera dissipé. — Chaque fois que je
tue un chevreuil, nous disait un vieux Nemrod,
je donnerais volontiers cent francs pour lui rendre la vie que je viens de lui ôter ! — Peut-être
au bout du compte, était-ce avec l'espoir que le
défunt lui fournirait une occasion de recommencer, car je dois avouer que, malgré sa con-
trition, il ne la laissait jamais échapper.

Lamartine s'était exposé à cette épreuve, et le cœur du chantre d'Elvire en est sorti contus et meurtri. Comme cela lui est arrivé avec bien d'autres drames intimes de sa vie, il s'en accuse avec une éloquente bonne grâce qui suffirait à lui assurer le pardon : « Le pauvre et charmant animal n'était pas mort. Il me regardait, la tête couchée sur l'herbe, avec des yeux où nageaient des larmes. Je n'oublierai jamais ce regard où l'étonnement, la douleur, la mort inattendue, semblaient donner des profondeurs humaines de sentiment, aussi intelligibles que des paroles, car l'œil a son langage, surtout quand il s'éteint. »

Il est impossible de peindre la scène non seulement plus poétiquement, mais avec plus de vérité et de concision. Oui, l'œil a son langage ; celui de l'homme est le seul qui ait reçu la faculté de traduire toute la gamme des sensations qui peuvent vibrer dans une âme ; celui du chien, animal réflecteur, a conquis une certaine multiplicité d'expressions ; chez les autres êtres, la faculté se réduit généralement au trait dominant de *leurs* instincts ; les grandes prunelles encadrées de velours noir du chevreuil ne savent dire que la douceur et la tendresse, et c'est précisément là ce qui lui prête, à ce moment suprême, une irrésistible puissance d'émotion.

Il ne reflète point la colère, à peine s'il exprime la douleur; au milieu des affres de la mort, ce regard reste suppliant et caressant comme celui d'une amante éplorée; il en a la fascination, vous ne sauriez vous en détacher; en même temps qu'il vous désarme de vos appétits sanguinaires, il vous pénètre et, à défaut de votre bouche qui a de bonnes raisons pour être muette, c'est la voix qui est en vous qui s'écrie : Pourquoi l'avoir traité avec tant de barbarie, ce vivant ornement des grands bois, qui n'avait d'autre tort que d'y représenter la paix et la joie dans les amours fidèles ?

Quand le chevreuil est une chevrette, quand la chevrette porte en elle l'espoir de sa race, l'atrocité se double d'une éventualité redoutable. Voici ce que déclare un dicton forestier :

> Qui tue une chevrette pleine
> Avant minuit a de la peine.

Cet accident arriva dernièrement à un chasseur parisien; l'autopsie immédiate avait constaté la présence de deux jumeaux dans le corps de la victime. Le meurtrier était un cœur de roche et un esprit fort: il avait salué le trépas d'un joyeux hallali, il opposa à la prédiction qu'on lui avait rappelée le plus écrasant de ses dédains. Dans le compartiment de première qui les ramenait à Paris, un de ses camarades revenant au proverbe, lui déclara qu'à sa place il ne serait pas tranquille.

— Bast! lui répondit l'autre, ma fortune et mon petit peuple ne sont pas même enrhumés du cerveau, que veux-tu donc que je redoute? Il y a bien ma belle-mère qui est dûment condamnée par un arrêt de la Faculté; mais tu comprends que, si je suis trop galant homme pour avoir jamais souhaité la mort de la brave dame, je saurai porter son deuil avec une certaine force d'âme.

A onze heures et demie, les deux amis se retrouvaient à une soirée à laquelle tous deux étaient invités.

Ce fut l'homme à la chevrette qui alla au-devant de son compagnon :

— Eh bien! lui dit-il, elle n'est pas plus riche en raison qu'en rimes ta fameuse prédiction; jamais je n'ai eu autant de chance que ce soir; j'ai passé sept fois à l'écarté, et la jolie madame X... m'a fait un accueil si gracieux, si gracieux que, si j'étais fat...

Il fut interrompu par un personnage cravaté de blanc qui traversait le salon en donnant le bras à une dame, c'était le médecin de sa famille.

— Laissez-moi vous donner une bonne nouvelle en passant, lui dit celui-ci, j'ai vu ce soir madame votre belle-mère, elle est sauvée, c'est un miracle, mais celui-là est incontestable; avant trois jours elle se portera comme vous et moi.

Il s'éloigna, et en ce moment la pendule sonna minuit. Le tueur de biques était resté abasourdi.

— Qu'est-ce qui te prend? lui demanda son compagnon.

— Satanée chevrette! s'écria l'autre avec un accent trop convaincu pour ne pas être sincère, c'est que c'est vrai pourtant que ça porte malheur!

LOUPS ET CHIENS

Un savant inspecteur des forêts, M. de la Rue nous a communiqué un fait extrêmement curieux de métissage entre le loup et le chien qui s'est reproduit, pour la seconde fois depuis deux ans, dans la forêt de Villefermoys à une douzaine de lieues de Paris.

Depuis trente ans, les loups sont devenus assez rares dans l'Ile-de-France; les hivers rigoureux y poussent de loin en loin quelques représentants de l'espèce, la richesse giboyeuse des massifs les y retient; mais sur ces domaines où la surveillance des gardes est loin d'être aussi chimérique que dans le reste de la France, le bail n'est jamais bien long, et peu de mois s'écoulent d'ordinaire, sans qu'une balle bien plantée ne signifie son congé à ce locataire interlope en lui ménageant un logement dans l'autre monde.

Cependant en 1876, une louve était depuis quelque temps déjà installée à Villefermoys, sans que sa présence eût été signalée. Il est vrai que cette louve exagérait les traditions de prudence de son espèce; non-seulement elle se recélait avec une rouerie consommée, mais dans ces

bois, grouillant de gros et de moyen gibier,
elle résistait héroïquement à la tentation de la
chair fraîche ; jamais on n'avait trouvé de ces
abats de chevreuils, de ces débris de faons, de
lièvres, qui disent si clairement aux gens du métier que le carnassier a passé par là et les rendent attentifs aux pieds qu'ils rencontrent ; les
moutons, les oies du voisinage immédiat de la forêt
n'étaient pas moins scrupuleusement respectés
que les fauves. Ce n'était pourtant pas que la
grâce eût converti la louve solitaire au régime
des anachorètes, elle n'avait rien changé à celui
de sa race ; mais avec cet instinct qui s'affirme si
nettement lorsque ces animaux ont des petits,
elle s'astreignait à n'exercer ses déprédations qu'à
une distance assez considérable de ses demeures.

Malheureusement cette louve exemplaire ne
parvint pas à imposer à son cœur la discrète réserve que ses appétits pratiquaient si strictement.
Si loup qu'on soit, il vient toujours une heure
où la solitude semble pesante ; cette heure ayant
sonné pour notre ermite, elle chercha d'abord
autour d'elle, puis dans tous les couverts qui
lui étaient familiers ; elle appela dans le silence
des nuits, l'écho répondit seul à ce cri sinistre ;
elle dut comprendre que ce serait vainement
qu'elle attendrait l'objet de son incandescence.

Qui sait, l'idée qu'elle était, elle-même la
dernière survivante de sa race traversa peut-être
sa cervelle, et lui fit prendre la détermination de
ne pas la laisser finir. Toujours est-il que, le
loup faisant défaut aux ardeurs qui la consu-
maient, elle lui chercha un équivalent.

Il y avait auprès de la forêt un gros chien moitié
dogue et moitié terrier qui avait pour emploi de
surveiller et de défendre l'habitation fort isolée
du sieur Boyer, garde particulier de M. T..., propriétaire du château des Bouleaux ; ce fut sur ce
chien, d'un extérieur médiocrement séduisant —
pour nous autres, bien entendu, — que l'abandon-
née jeta son dévolu ; et renversant toutes les traditions, cherchant son modèle parmi les héros de
roman, elle séduisit le terrier et disparut avec lui.

Quelques jours après le départ de ce chien,
M. T..., qui se promenait à cheval dans Villefermoys, vit une louve sauter la route à cinquante
pas, et derrière cette louve, lui emboîtant le
pas, un animal dans lequel il reconnut le terrier
de son garde. Il poussa son cheval sous bois, il
essaya de les poursuivre, il les perdit bientôt
dans le fourré, mais il rencontra des bûcherons
qui lui racontèrent que plusieurs fois déjà ils
avaient aperçu cette louve et le chien de Boyer
allant toujours de compagnie.

L'absence du terrier se prolongea pendant une douzaine de jours, après lesquels, réintégrant la civilisation, il revint au logis ; mais si les amours ne sont pas plus éternelles dans ce monde étrange que dans le nôtre, les brouilles et ruptures n'y sont guère moins orageuses ; l'infortuné n'avait pas été tout à fait mangé, il est vrai, mais il avait le corps couvert de traces de coups de griffes et de dentées.

Cependant l'aventure ayant ébruité le secret de l'existence de la louve, l'amodiataire de Ville-fermoys, M. le comte de G .., très-jaloux de la conservation de ses admirables chasses, ordonna des battues pour les délivrer de cet hôte redoutable. La louve échappa en forçant la ligne des traqueurs ; en revanche, ceux-ci trouvèrent le liteau, qui renfermait trois petits ; l'un d'eux, absolument loup par la forme et par le pelage, fut conservé par M. le comte de G...; deux autres, chez lesquels le métissage était nettement accusé par la forme des oreilles ainsi que par des balzanes aux pattes, ont été donnés au Jardin des Plantes. Le fait est bizarre, mais il n'est pas sans précédents, comme nous le verrons tout à l'heure ; sa suite — il a eu la sienne — est bien plus étrange, à notre gré.

Comme vous venez de le voir, la louve avait

sauvé sa peau ; après quelques jours, elle rentra en Villefermoys, y reprit ses demeures et ses habitudes, s'efforçant de mériter l'indulgence en persévérant dans sa modération locale. Cette année, volage et fidèle tout à la fois, elle est revenue, paraît-il, à son chien terrier qui, après une fugue de la même durée que l'année précédente, comme l'année précédente aussi est rentré au logis battu, pas content, mais probablement tout disposé à recommencer une troisième fois cette petite excursion dans la société des ennemis mortels de son espèce, si quelque accident ne vient pas dénouer tragiquement ce petit roman forestier.

Comme nous le disions tout à l'heure, ce n'est point le premier exemple du rapprochement dans l'état de nature de la louve et du chien, dont la possibilité a été contestée par beaucoup d'écrivains et notamment par M. d'Houdetot:«L'amour, a dit celui-ci, triomphe de tout, hormis de la haine et de la peur. » La phrase est pleine de sentiment, mais nous avons des témoignages démontrant que, devant le dieu malin, peur et haine ne tiennent pas plus que le reste. Une incontestable autorité, M. le comte d'Esterno les a fournis, et un lieutenant de louveterie du département de la Sarthe nous écrivait :

« Dans une forêt des environs, une louve pri-
vée d'époux, a trouvé bon de se laisser suivre par
un fort mâtin du voisinage, et plusieurs petits en
sont advenus. Deux seulement ont survécu, dont
une louve-chienne, laquelle a été prise par nous
dans un ancien trou de blaireau. Il y avait six
petits, trois noirs et trois fauves, un des petits
noirs a été élevé par un de mes amis, il est maintenant un animal tenant beaucoup plus du chien
de Terre-Neuve que du loup. Dans une autre
forêt de la Mayenne, une autre louve, s'est éprise
d'un chien couchant noir et blanc. Ce chien, que
son maître croyait perdu, est rentré au logis
après cinq jours d'absence et, quelque temps
après, un ouvrier de la forêt trouva une portée
de petits chiens-loups de différentes couleurs. »

En 1864, un fils du docteur Chenu tua, dans les
bois de Lahoussaie-Crécy un louvard complètement noir, et qu'il aurait pris pour un chien s'il
n'avait eu en vue, en même temps la mère louve
et plusieurs autres louvards dont le pelage était
plus foncé que celui des loups ordinaires. Dans le
même mois, la société de chasse de Lahoussaye-
Crécy tua quatre loups : le loup noir dont nous venons de parler et trois de ses frères se rapprochant
davantage du loup par l'extérieur. La mère seule
les accompagnait ; on n'eut aucune connaissance

du père. Il est probable que ce père était un chien de Nangis, que son maître, cultivateur du pays, qui avait vu passer la louve, tua lui-même en tirant au juger sur un animal qui accompagnait celle-ci, et qu'il avait pris pour son mâle.

Voilà, nous semble-t-il, assez de faits pour justifier l'authenticité de la curiosité d'histoire naturelle que M. de la Rue veut bien nous transmettre. Elle étonnera tout le monde, mais, plus que tout le monde, les personnes qui en pratiquant la chasse du loup, se trouvent familiarisées avec les mœurs et les habitudes de cet animal.

Nous avons fait, au commencement de ce volume la guerre aux proverbes fondés sur certains caractères des animaux ; en voici encore un sur lequel nous avons le droit de gloser. Pour exprimer une intimité poussée à ses plus extrêmes limites, on dit, de deux individus, ils sont comme chien et chat ; on dépeindrait bien plus exactement une haine que, n'étaient les exemples ci-dessus, nous qualifierions d'inextinguible, en disant, comme loup et chien.

Quelques savants veulent voir dans le second de ces animaux, un dérivé civilisé de notre grand carnassier. Je n'en sais rien ; ce que je sais fort bien c'est que celui-ci honore son petit-cousin

d'une animosité spéciale, laquelle, se doublant
d'un goût déclaré pour sa chair, ne permet pas
au premier de laisser échapper l'occasion de
dîner non pas avec le, mais du second.

Dans les villages forestiers, tout chien qui
s'aventure après le coucher du soleil dans la
campagne, tout braque, tout épagneul qui s'at-
tardent dans les bois sont des chiens parfaitement perdus; y eût-il des moutons dans le voisinage, ce sera toujours pour ces chiens isolés que
le loup manifestera ses préférences. Ce qu'il y a
d'assez étrange, c'est que ces mêmes loups trai-
teront avec une certaine déférence les chiens
courants, surtout si ces chiens appartiennent à
une meute qui leur a donné la chasse, et lors
même qu'ils ne seraient pas de taille à leur opposer une sérieuse résistance. Il m'est souvent
arrivé de perdre, en forêt, plusieurs chiens qui
y passaient la nuit, on me les a toujours ramenés
sains et saufs; chiens d'arrêt, je n'en eusse retrouvé que les os. Pourquoi ce privilège? Probablement parce que le loup se souvient et compare; parce qu'il se rappelle les angoisses qu'il
a dû à de tels chiens, parce que son instinct lui
dit qu'ils sont toujours accompagnés et que sa
prudence l'emporte sur les suggestions de sa
haine et de son appétit. Ceci rentre parfaitement

dans la lâcheté caractéristique que l'on prête à cet animal.

Dans l'espèce canine, c'est surtout par la terreur que se traduit l'antipathie si profonde de ces deux races. Cette terreur, elle est instinctive, elle est innée ; il n'est nullement besoin d'un acte de guerre pour apprendre au chien qu'il est en présence de son mortel ennemi ; l'odeur du loup, même lorsque c'est pour la première fois qu'elle frappe son odorat, une odeur particulière, dont son instinct a la prescience, suffit pour qu'il sache que c'est lui, et en pareil cas, chez l'immense majorité de ces animaux, en dehors de quelques races spéciales, les poils se hérissent, les yeux sont hagards et, tremblants, ils multiplient les signes de la plus grande épouvante.

Un jour, dans la forêt de Perseigne, en Normandie, j'étais sorti, sans autre arme qu'un fouet, pour faire chasser un lièvre à des chiens courants. Dans un fort d'épines noires, ces chiens lancèrent deux grands loups qui vinrent sauter la ligne à vingt pas de moi. J'avais à mes côtés un griffon d'arrêt assez hargneux, effroyablement batailleur et d'une force musculaire peu commune. Quand il aperçut les deux fuyards, il bondit sur eux avant que j'eusse le temps de le rappeler. Je m'étais inquiété trop tôt. Quand le grif-

fon se fut rapproché, quand il eut la perception
de l'odeur des loups, il s'arrêta, comme foudroyé,
sur ses jarrets, resta frappé de stupeur pendant
quelques secondes ; puis, exécutant une volte, il
s'enfuit la queue entre les jambes, sans paraître
plus entendre mes injonctions que les abois en-
courageants de la meute qui arrivait comme un
tourbillon, et il regagna le logis, où je le retrou-
vai au coin du feu et visiblement très satisfait de
sa prudence.

Ce court aperçu de l'inimitié farouche de ces
Capulets et de ces Montaigus suffira à vous donner une idée de ce que la séduction du Roméo
de Villefermoys peut avoir eu d'original, et pour
que vous compreniez mon regret de n'être pas
en mesure de vous en traduire les péripéties par
le menu.

CHIENS A PARIS

Les amis de l'homme sont à Paris au nombre de 65,782, ce qui donne environ un chien pour 28 habitants. Ce chiffre est celui des animaux payant patente. Mais, en dépit des yeux de lynx du fisc, il existe plusieurs milliers de réfractaires à l'impôt ; ce ne sera donc pas exagérer que le porter à 70,000 le nombre total des chiens parisiens ; il constitue une meute des plus respectables.

Quatre arrondissements se détachent des autres par leur richesse en contribuables de cette catégorie, ce sont : le XVIII°, Clignancourt, la Chapelle, avec 5,588 chiens ; le XI°, Saint-Ambroise, la Roquette, qui en accuse 5,559 ; le X° Porte-Saint-Denis, Porte-Saint-Martin, 4,956 ; le IX°, Chaussée-d'Antin, quartier Saint-Georges, où l'on en trouve 4,300. Les arrondissements les moins largement dotés sous ce rapport sont le VII° Saint-Thomas-d'Aquin, Gros-Caillou, 2,061 ; le I°ʳ, Halles, Palais-Royal, place Vendôme, 2,115 ; le IV°, Saint-Merry, Notre-Dame, 2,155 ; le XVI°, la Muette, Auteuil, 2,360 chiens. La progression de l'espèce canine suit, comme on le voit, le mouvement de la population ; cette règle n'est cependant pas absolue, et le nombre des chiens est relativement plus considérable dans certains quartiers pauvres que dans d'autres quartiers plus aisés. C'est ainsi que l'agglomération presque exclusivement ouvrière de Clignancourt, la Chapelle, dont la population ne distance celle des faubourgs Saint-Denis et Saint-Martin que de 2,717 habitants, se présente avec 430 chiens de plus que ceux-ci.

Où le tableau qui nous fournit ces détails devient intéressant, c'est dans les distinctions qu'il établit entre les chiens de luxe et les chiens d'utilité. Je sais bien qu'il ne faut pas s'y fier trop aveuglément, nombre de chiens de boutique sont des cumulards et tiennent l'emploi de chiens de chasse ou de fantaisie en même temps que celui que la déclaration leur attribue ; mais ces indications n'en sont pas moins exactes dans une certaine mesure.

C'est dans le X° arrondissement, déjà cité, que les chiens dits de luxe se trouvent en majorité : 4,228 chiens de luxe contre 730 chiens de garde. Beaucoup de chiens de chasse dans le premier total ; ce quartier populeux regorge de commerçants passionnés pour les déduicts de Saint-Hubert. Un autre arrondissement couvert d'usi-

nes et peuplé de ménages ouvriers serré de très-
près, celui-là, c'est le XI°, où nous trouvons
4,098 chiens de luxe et 1,471 chiens de garde.
En admettant que les collaborateurs cynégéti-
ques des bourgeois et des fabricants figurent
pour un quart dans le premier effectif, il est clair
que le reste ne doit pas justifier complètement la
qualification que la légalité lui attribue. Il est
douteux que le havanais payé mille écus à une
des dernières expositions s'en soit allé demeurer
par là. Ces chiens de luxe sont le luxe du pauvre.

Vient ensuite le XVIII°, qui se trouve dans les
mêmes conditions que le précédent, 3,891 chiens
de luxe et, 1,690 chiens de garde. Le IX° a 3,717
animaux de la première catégorie et 583 de la
seconde. C'est ici la terre d'élection du bichon
qui, s'il possédait la moindre grandeur d'âme
tiendrait à honneur de doubler sa capitation, ce
qui permettrait de décharger ses collègues des
deux arrondissements précédents.

Le XVII°, les Ternes, Batignolles, dont la population ressemble beaucoup à celle du IX°, mais
où l'on sacrifie davantage à la chasse, déclare
3,107 chiens de luxe et 882 chiens de garde. Le
véritable quartier nobiliaire de l'espèce canine,
c'est le VIII° arrondissement, Champs-Élysées,
Roule, Madeleine; il est bien peu de ses 2,935

chiens de luxe, lévriers, danois, pointers, setters, havanais et terriers microscopiques qui n'aient sa petite place dans quelque stud-book et beaucoup valent leur pesant d'or.

Maintenant, si nous cherchons le quartier où le chien d'utilité prédomine, nous trouvons d'abord le XXe, Belleville, Charonne, le Père-Lachaise, où l'isolement des habitations et la multiplicité des chantiers nécessite la présence de gardiens à quatre pattes. Ils y sont au nombre de 2,300 contre 2,168 chiens de luxe.

Dans le XIIIe, la Salpêtrière, la Maison-Blanche, dont la configuration topographique se rapproche beaucoup de celle-là, 1,770 chiens de garde contre 842 chiens de luxe. Dans le XVe, Saint-Lambert, Grenelle, Javel, mêmes conditions, 1,523 chiens d'utilité et exactement le même chiffre de chiens de luxe. Ajoutons encore, pour avoir relevé de cet état tout ce qui en valait la peine, que ce sont les IVe arrondissement, Saint-Merry, Arsenal; Ier, Halles, Palais-Royal; IIe, Caillou, Vivienne, Mail, qui déclarent le moins de chiens d'utilité, ils n'en ont que 160 contre 1,995, 175 contre 1,940 et 265 contre 1,987 chiens de luxe.

Si nous étions fanatiques de statistiques, nous nous croirions tenus à finir solennellement

en vous apprenant qu'à raison de 100 grammes
seulement par tête et par jour, cette armée de
chiens ne consomme pas moins de 2,555,000 kilogrammes de pain par année, puis à nous livrer
à ce propos à quelques divagations humanitaires.
Nous n'en ferons rien, et pour cause. Nous
entendions un jour le maire du village gourman-
der un pauvre diable qui était venu, escorté d'un
chien, chercher la miche que lui distribuait le
bureau de bienfaisance :

— Que voulez-vous, répondait l'homme aux
observations du magistrat, quand j'ai partagé ma
croûte avec cette bête-là, elle a une manière de
me regarder en mangeant qui fait que mon morceau me semble moins sec. Vous me donnez du
pain : c'est mon chien qui me fournit le fromage.
Que le bon Dieu le bénisse, et vous avec lui,
monsieur le maire ! »

Et le vieux pauvre s'en alla, escorté du chien
qui semblait applaudir avec sa queue.

LES VIPÈRES

Il est un ordre d'animaux dont la présence sur la terre contredit singulièrement cette doctrine du but final, qui représente l'homme comme le pivot de la création et le centre vers lequel convergent humblement l'universalité des créatures, ce sont les serpents. En dépit du rôle mélodramatique que la tradition lui prête dans l'aventure du Paradis terrestre, des qualifications désobligeantes que le Deutéronome lui prodigue, et des comparaisons imagées dans lesquelles les poètes le font si désagréablement figurer, les serpents, même venimeux, nous rendent d'incontestables services en refrénant la multiplication de certains insectes, de petits rongeurs et de quelques reptiles encore plus incommodes qu'ils ne le sont eux-mêmes ; d'un autre côté, il est absolument faux que les plus redoutables, le boa et les pythons exceptés, nous considérant comme un régal, manifestent la moindre animosité contre notre espèce ; au moindre bruit de nos pas sur les sentiers, sur les feuilles sèches, les vipères comme les crotales s'écartent et se glissent rapidement vers leurs retraites.

En vérité, n'était le venin, nous ne devrions pas avoir de meilleurs amis. Alors pourquoi ce diable de venin? J'ai posé la question à des apôtres du paradoxe ci-dessus; l'un d'eux me répondit que la Providence avait doté les serpents de cette arme exclusivement défensive pour contraindre l'homme à respecter et à laisser vivre un être indispensable à l'harmonie de l'univers; à mon tour, j'ai répliqué que cette Providence avait donné là une assez pauvre idée de son jugement, attendu que ce don de sauvegarde serait précisément la cause de l'anéantissement, partout où pénétrerait la civilisation, non seulement des variétés de reptiles qui en sont pourvues, mais des serpents inoffensifs dont il y aurait utilité à protéger la multiplication.

En effet, nous aurons beau prêcher la clémence, la débonnaire, l'innocente couleuvre, un des plus actifs protecteurs de nos céréales, qui n'a d'autre tort que de ramper, payera toujours de la mort sa fatale ressemblance avec la vipère. Hommes et femmes, jeunes et vieux, tueront toujours avant de distinguer entre l'un et l'autre, et, il faut bien l'avouer, cette aveugle rage n'est pas sans excuse.

J'ai bien souvent rencontré des vipères sur mon

chemin, bien souvent des gardes rompus à la marche dans les bois, familiarisés avec ces entrevues,
m'ont du doigt indiqué le reptile, levé sur le revers
d'un fossé, sous quelque buisson d'épines ; si certains que nous fussions du dénoûment l'un comme
l'autre, il m'a toujours semblé que la voix de mon
compagnon avait perdu de son assurance ordinaire, et moi-même, jamais je n'ai échappé à une
impression spéciale ; on l'appelle de l'horreur ; je
l'accepte pour la manifestation d'une terreur instinctive à laquelle difficilement on échappe. Un
coup de baguette va faire de ce vil reptile deux
tronçons inertes ; mais cela parce que le premier
vous l'avez aperçu ; autrement, si votre pied s'é-
tait imprudemment posé à côté d'un de ces replis,
ce serait peut-être à vous de vous tordre sur la
terre, en proie à d'horribles souffrances, et ce
danger auquel vous venez d'échapper, vous le
retrouverez peut-être à vingt pas, il se repro-
duira peut-être aussi dix fois dans la journée,
toujours imprévu et toujours redoutable.

C'est à cette perspective, à la conscience de
cette permanence du péril, qu'il faut attribuer la
sensation particulière que soulève l'aspect de la vipère ; elle doit être bien plus vive chez les pauvres
gens des campagnes, bien plus exposés, puisque
le plus souvent ces bois, ces bruyères, infestés,

ils les traverseront jambes nues et les pieds
chaussés de sabots.

J'ai retrouvé, toujours vivace, dans un coin
perdu de la Sologne, une légende sur la reproduction des vipères, laquelle a l'honneur d'avoir
eu pour premiers éditeurs Hérodote, Pline, Plu-
tarque, Elien et plusieurs Pères de l'Église, et
d'avoir servi de point de départ à la pénalité
dont la législation romaine frappait le parricide
en l'enfermant dans un sac rempli de ces reptiles. Suivant cette légende, les amours des vipères se termineraient de la même façon que
celles de certaines araignées ; la femelle les dé-
nouerait en tranchant avec ses dents la tête de
son ex-seigneur et maître ; puis, dignes continua-
teurs d'Oreste, les petits, à leur tour, vengeraient
la mort de feu leur père en déchirant, pour faire
leur entrée dans le monde, les entrailles de celle
qui les a conçus !

Nous avons à peine besoin d'ajouter que cette
histoire naturelle appartient de bout en bout au
domaine de la fable. Non seulement la vipère,
mâle et femelle, est dans l'impossibilité absolue
de trancher quoi que ce soit avec ses dents, mais
la nature semble avoir voulu garantir ces êtres
les uns contre les autres en les rendant insensibles
aux morsures qu'ils peuvent se faire entre eux.

L'expérience de l'innocuité du venin pour la
vipère a été faite par Fontanes. L'engendre-
ment des vipères n'en reste pas moins assez
extraordinaire ; elles éclosent d'un œuf et sortent cependant vivantes du sein de leur mère.
La durée de la gestation est d'environ huit mois,
pendant lesquels les œufs, dont l'enveloppe est
membraneuse au lieu d'être calcaire, demeurent
dans l'utérus. Vers la fin de cette singulière cou-
vaison, les petits, devenus assez forts pour bri-
ser la membrane, restent encore quelques jours
enroulés dans ses débris ; puis la mère s'en délivre, et ceux que l'on surprend peu de temps
après l'éclosion portent encore quelques vestiges
de leur enveloppe attachés à leurs écailles.

Les vipères sont, en France, beaucoup plus
communes qu'il ne le faudrait ; il n'est pas d'années, dans certaines régions, il n'est peut-être
pas de villages où l'on ne puisse signaler quelque catastrophe produite par la morsure de ces
redoutables reptiles. Pour l'homme, elles sont
rarement mortelles ; elles peuvent le devenir
pour l'enfant, pour la femme, tout comme pour
certains animaux domestiques ; elles provoquent
trop souvent des paralysies, un état morbide
qui, en se prolongeant, trouble si ulièrement
l'existence de ceux qui en ont été les victimes.

On se préoccupe avec raison d'assurer la salubrité des villes par une expurgation rigoureuse de tout ce qui peut compromettre la santé de leurs habitants ; la sécurité des travailleurs des champs n'a pas moins de droits à la sollicitude des administrations et des conseils dont ils relèvent ; la destruction des vipères se classe au premier rang des règlements de voirie qui pourraient assurer cette sécurité.

Quant au moyen d'obtenir la disparition de ces dangereux animaux, il a fait ses preuves : il a amené sur certains points une diminution considérable des accidents ; s'il n'a pas fait mieux, c'est que jamais il n'a été appliqué avec une suite, avec une persévérance indispensables, nous voulons parler des primes payées par tête de vipère présentée. Nous sommes convaincus que les conseils généraux des départements où subsiste cette lèpre rendraient un utile service à leurs populations en consacrant chaque année une modeste somme à ces destructions. En même temps, si puissant que soit le préjugé dont nous avons parlé, il nous semblerait à propos qu'une image coloriée des diverses variétés de nos serpents indigènes fût exposée dans nos écoles, pour mettre les enfants à même de reconnaître ceux qu'il peut poursuivre et tuer, d'avec ceux qu'il doit laisser vivre.

LES CHIENS SAVANTS

On a annoncé dernièrement la prochaine ap·
parition, sur un théâtre de genre léger, d'un
quatuor dont les exécutants appartiennent à la
race canine. Les organes officiels de l'opinion publique s'en sont émerveillés à l'avance ; nous étions
seuls, nous autres chasseurs, à nous en étonner
médiocrement. Quel est celui d'entre nous qui ne
tient pas le chien pour un artiste de primo car-
tello ? Demandez au propriétaire de la moindre
des meutes si je plaisante ? Il vous répondra qu'il
ne se préoccupe pas seulement de haut-nez et de
change chez ses recrues, mais aussi de la gorge,
acceptée ici comme synonyme de voix.

C'est surtout en raison de sa valeur sympho-
nique que nous y attachons une sérieuse importance ; ainsi, lorsque, comme c'est l'ordinaire, les
basses-tailles et les barytons dominent dans la
masse chorale, on n'hésite jamais à lui ajoindre
la haute-contre de quelque vendéen dont les
notes grêles, mais perçantes et incessamment
répétées, ajoutent à la puissance de l'effet. Je ne
suis pas de ceux qui critiquent, avant d'avoir en-

tendu, mais je n'en doute pas moins que les mélodies des nouveaux artistes nous électrisent comme l'ont fait tant de fois ces concerts d'abois en roulant de vallons en vallons, lorsque, répercutés par les échos de la forêt, ils nous arrivaient, tantôt affaiblis comme un murmure, et tantôt grossissant comme des bruits de tempête.

Le quatuor aura, il est vrai, une attraction qui lui sera spéciale : au lieu de chanter chien et d'après le solfège de l'espèce comme Matador, Lumineau ou Perçante, ils roucouleront dans notre langue et d'après les méthodes de notre Conservatoire. Hélas ! on a bien raison de dire qu'il n'est rien de nouveau sous le soleil, car si voici effectivement la première fois que l'on songe à dresser une meute à aboyer en croches et en doubles croches, il y a plus d'un siècle que l'on a exhibé des chiens qui s'exprimaient à peu près comme vous et moi.

Dans une lettre de Leibnitz, insérée dans le journal de Trévoux de 1715, et adressée à l'abbé de Saint-Pierre, il raconte qu'il a vu à Zeitz, un chien qui parlait et était parvenu à prononcer une trentaine de mots, qu'il répétait après son maître.

Un autre que l'on montrait en 1720, à Berlin, en prononçait une soixantaine, mais en dépit de de cette supériorité dans la possession des vocables, il nous semble très inférieur au premier. « Le maître de ce chien, dit la Bibliothèque Germanique, qui nous fournit ces détails, s'asseyait à terre et prenait l'animal entre ses jambes ; d'une de ses mains il lui tenait la mâchoire supérieure, l'autre main se fixait sur celle d'en bas ; le chien, alors, commençait à gronder et l'homme soulevait, pressait, écartait les mâchoires, de telle façon que ce grondement se modulait en mots parfaitement distincts, mais ne dépassant jamais quatre syllabes. Élisabeth, était de tous les mots celui qu'il prononçait le mieux ; laquais, salade, thé, café, chocolat, arrivaient également fort nettement à l'oreille. »

Comme on le voit, toute la gloire du tour de force doit revenir au bipède ; il jouait du chien, comme plus tard, on devait jouer de l'accordéon.

Soyez tranquille, le branle est donné, nous n'en resterons pas là. L'émulation va s'en mêler ; après le quatuor, nous aurons l'orchestre et peut être aussi le chien orateur. Pourvu qu'il ne s'avise pas, lui aussi, de nous débiter un speech politique !

LES CHIENS EN CHEMIN DE FER

La Compagnie des chemins de fer d'Orléans a pris une mesure très agréable au public, celle d'ouvrir le quai du départ aux voyageurs immédiatement après la prise des billets, et de manière à ce que le choix des places soit dévolu aux plus diligents et non plus, comme par le passé, aux plus vigoureux et aux plus... mal élevés. Son excellent vouloir nous enhardit à solliciter d'elle et des autres compagnies, moins celle de l'Est où notre desideratum est depuis longtemps accompli, — une autre réforme qui ne serait pas moins bien accueillie. Pourquoi ne pas réserver pendant toute la saison de la chasse, au moins dans les trains du matin et du soir, et sur les lignes de grande banlieue, un compartiment pour les chasseurs qui désirent ne pas se séparer de leurs chiens?

Elles ont, il est vrai, le droit de nous répondre que le chien est un animal comme le cheval, infiniment moins noble que celui-ci, s'il faut en croire M. de Buffon, et qu'il se montre bien présomptueux en réclamant autre chose que le box

dont l'autre se contente. La logique est pour
elle; mais il est des habitudes, mauvaises sans
doute, mais tellement invétérées que, bon gré.
mal gré, il faut en tenir compte. Je ne connais
guère que Caligula qui eût pu être tenté de par-
tager sa chambre à coucher avec son cheval,
tandis que je sais, par douzaines, des braves
gens qui vivent avec leur chien dans une espèce
de promiscuité et qui ne trouveront jamais pour
leurs voyages un compagnon qui leur soit plus
agréable.

Remarquez d'ailleurs que ces rigueurs admi-
nistratives, si les animaux ont à en souffrir,
s'appesantissent bien plus désagréablement encore sur le maître. Je ne crois pas qu'il soit une
plus abominable corvée que celle qui consiste à
prendre un chemin de fer dans de pareilles conditions. A peine les billets délivrés, il vous faut
courir à toutes jambes pour gagner le wagon
des bagages à l'extrémité du train, poser ici le
fusil, là le sac de nuit, saisir par la peau du col
et des reins votre camarade, trop intelligent
pour ne pas être récalcitrant, et l'enfourner bon
gré mal gré dans l'antre béant et noir que l'em-
ployé vient d'ouvrir : vous devez ensuite avec
non moins de hâte, ramasser vos impedimenta
et reprendre vos jambes à votre col pour essayer

de vous caser dans les compartiments déjà
pleins. Cet aimable manège, vous aurez à le renouveler à la gare d'arrivée, mais en précipitant
encore vos allures, parce que très souvent l'arrêt
n'est que de quelques secondes. Mêmes céré-
monies au retour, avec cette circonstance aggra-
vante que vous êtes harassé par les marches et
contre-marches de la journée, et quelquefois, —
soyons modestes, — lourdement chargé.

Je passe sous silence ce que j'appellerais les
désagréments moraux de la chose : l'impatience
avec laquelle on songe que ce chien, d'un grand
prix, ou que l'on a la faiblesse de considérer
comme un ami, peut être mordu par un malotru
de son espèce, et qui sait contracter la rage ;
l'ennui de le savoir tout mouillé, tout transi
qu'il était, exposé des heures durant à une bise
décuplée par la vitesse et qui lui vient à la fois
par les deux extrémités et par le plancher de
son box ; enfin la fureur dont on est saisi quand,
ayant confié à ce box un animal propre, blanc,
soigneusement étrillé et expurgé de toute espèce
de parasites, il vous restitue un quadrupède tellement sordide que vous hésitez à le reconnaître,
noir de fumée, couvert de souillures plus im-
mondes encore et tellement habité lui-même,
que vous en avez pour une semaine à chasser le

menu gibier dont il a approvisionné votre domicile. Pour mon compte, quand je rencontre dans
une gare un chasseur qui s'y risque en compagnie de son chien, je suis toujours tenté de lui
ôter mon chapeau : c'est un grand cœur.

Remarquez encore que les fins de non recevoir opposées par les compagnies aux réclama-
tions d'une fraction importante de leur clientèle
sont pour elle sans bénéfices ; il y aurait, au
contraire, avantage à rompre avec la tradition ;
à l'époque de la chasse, les trains ne sont presque jamais complets; les compartiments étant
réservés par affiche, y monterait qui le voudrait
bien, et nul n'aurait le droit de se plaindre de la
société qu'il y trouve; en ne rendant plus le box
obligatoire, on épargnerait une pénible et inutile
besogne aux employés et particulièrement aux
chefs de train toujours surchargés au départ;
enfin, on échapperait à des responsabilités, à des
revendications qui, quoiqu'on en prétende, sont
toujours accueillies par les tribunaux.

Avec tant de bonnes raisons et l'exemple de la
compagnie de l'Est, on s'étonnera peut-être que
la mesure que nous demandons n'ait pas encore
été prise ; mais nous ne nous faisons aucune
illusion, et nous sommes convaincus que notre
humble requête ne changera rien à l'ordre établi.

En France, ce sont les administrations publiques
et particulières qui ont hérité de l'autocratie de
feu le régime absolu. Comme lui, elles pensent
que les gouvernements n'ont pas été faits pour
le peuple, mais bien le peuple pour les gouvernements, et, avec ce régime, elles n'admettent,
en fait de concessions, que celles qu'on leur arrache.

LA MAISON DU GARDE

Il y a dans la forêt de Rambouillet une maison de garde devant laquelle je n'ai jamais passé sans commettre le péché d'envie. Lorsque je fis sa connaissance, mai avait restauré son encadrement de feuillages, le printemps avait garni d'une mante de verdure les robustes chênes qui l'abritent, et constellé de fleurs l'éblouissant tapis sur lequel elle est posée ; son toit disparaissait sous le velours des mousses ; les lames et les hampes des iris lui faisaient un diadème d'émeraudes et de lapis ; le rideau de liserons de sa fenêtre était tout diapré de clochettes de satin multicolore, et une légère spirale de fumée bleuâtre et diaphane montait paisiblement de sa cheminée.

Depuis, aux heures de la lassitude et de découragement, les vagues désirs que la vue de cette maisonnette m'avaient inspirés ont rarement manqué de se définir. Pourquoi demander tant, quand pour être heureux il faut si peu ? Pourquoi s'acharner à la poursuite des chimères, lorsque la réalité est si facile à saisir ? Pourquoi subir toutes les amertumes, user ses forces

à remuer un rocher trop lourd, lorsqu'un chemin si doux, si facile, conduit à ce but inévita-
ble de toutes les ambitions humaines, la mort ?
Pourquoi enfin, ne pas se réfugier dans ce nid de
bonheur, loin des hommes et loin du bruit, des
entraînements funestes de ces joies fausses qui
ne sont jamais que le prélude d'un regret, pour
y vivre de cette vie demi-sauvage dont les besoins sont si aisément satisfaits, où la calme
sérénité des grands bois se reflète dans le cœur et
dans l'esprit des gens qui l'habitent ?

C'était, hélas ! une illusion que la réflexion ne
tardait guère à dissiper. Notre félicité est en
nous-mêmes et, c'est parce que nous nous obsti-
nons à la chercher en dehors de nous, qu'elle
nous échappe si souvent. Ce n'est pas plus un
toit de chaume que des lambris dorés qui la font
éclore, ce sont la sagesse et la modération : la
sagesse avec laquelle l'homme concentre ses
amours dans le cercle étroit de la famille, la
modération avec laquelle il sait borner ses ambitions à l'accomplissement de ses humbles de-
voirs. Voilà ce qu'il faudrait emprunter au maître de ce logis envié.

Et cependant sa tâche est rude, surtout si
nous la comparons à celles sous lesquelles il
nous arrive si souvent de succomber. Tous les

jours il devance l'aube, il se lève, chausse ses lourds souliers sans bruit, déjeune à tâtons pour ne pas réveiller son petit peuple et, le carnier au dos, le fusil sur l'épaule, son chien aux talons, il s'en va sous la pluie, sous la neige, par la froidure.

Il marche d'un pas léger, furtif, prudent, comme celui du sauvage; c'est à peine si les feuilles mortes, si les brindilles que son pied effleure frissonnent sous son passage; son œil sonde la profondeur des halliers que le rayon incertain du jour naissant laisse dans le clair-obscur; de temps en temps, il s'arrête, se masque derrière le tronc noueux de quelque grand chêne et écoute longuement comme un soldat en reconnaissance.

C'est un soldat, en effet, ce garde, le soldat de la propriété; il a non seulement à veiller sur ses droits, mais à les défendre. L'audace des braconniers ne recule pas devant un crime, quand il s'agit d'assurer l'impunité à leur délit; un pas hasardeux dans ces bois peut aboutir à une tombe. La lugubre nomenclature de ses confrères, de ses amis assassinés, lui revient à la mémoire, il lui faut un effort pour écarter cette idée importune; il en rougit comme d'une faiblesse et poursuit résolument son chemin.

Un bruit imperceptible pour tout autre a frappé
son oreille, il s'arrête encore. Le craquement des
branches s'accentue et devient distinct ; le chien
a redressé ses oreilles, ses yeux luisent dans
l'ombre ; il jette un aboi étouffé, il va s'élancer,
son maître le gourmande : « Paix là, vieux fou ;
ne vois-tu pas que c'est un ami ? » C'est un ami,
en effet, ce gros cerf qui se montre à vingt pas
d'eux dans un gaulis. Le cri du chien a troublé
son' assurance ; il redresse la tête, élève ses na-
seaux d'un noir de velours, hume la brise et
bondit en faisant voler la rosée des feuilles en
une poussière diamantée qui l'entoure comme
une auréole. Le garde a souri, son visage tout à
l'heure si sombre, s'est épanoui, il est content. Il
a pour ses grands animaux une tendresse presque paternelle ; mais celui-là, le vieux dix-cors,
la gloire de sa garderie, est son préféré, et la satisfaction de l'avoir rencontré en bonne santé, le
tiendra en joie toute la journée.

La ronde se poursuit ; le soleil est haut, les
bipèdes ne sont plus à redouter ; mais il faut que
le garde se préoccupe de tout le clan des bêtes
puantes ; il visite ses pièges, ses assommoirs, il
inspecte minutieusement la poussière des sentiers, la terre humide des fossés, pour y décou
vrir quelque trace révélatrice. Il lui reste encore

les coupes en exploitation à visiter, les arbres à
marquer pour l'abatage, les bûcherons à surveiller. La journée est bien avancée quand il rega-
gne sa demeure ; il y revient harassé, exténué
par le besoin encore plus que par la marche ;
cependant plus il avance, plus son pas devient
vif et alerte ; il a hâte d'être à un angle du chemin d'où on découvre la maisonnette, et un
gros chêne abattu sur lequel ceux qu'il a quittés le matin ont l'habitude de s'asseoir pour
l'attendre.

Ils sont là. Cette prolongation de la tournée a
rempli leurs cœurs d'une inquiétude qui, chez la
femme, a pris le caractère de l'angoisse. L'aîné
des petits est en sentinelle ; le premier il aperçoit
le retardataire, il court au-devant de lui et le
débarrasse du fusil et de la carnassière. La mère,
à son tour, s'est avancée, l'œil encore humide ;
elle lui présente le dernier né ; le brave homme
le prend dans ses mains calleuses, lui sourit,
l'agace, adoucit sa grosse voix pour trouver des
câlineries de nourrice et, suivi de son cortège,
entre dans la maison où la soupe fume au coin de
l'âtre. Son retour a mis tout le monde en gaieté ;
la ménagère badine, les enfants gambadent, ba-
billent, rient aux éclats, livrent l'assaut aux genoux paternels pour conquérir une caresse.

. Le moment serait mal choisi pour proposer au garde d'échanger son sort et les mille francs dont se payent ses peines, ses fatigues, ses dangers, contre les luxueuses destinées de quelque grand personnage ; je ne sais trop s'il daignerait vous répondre.

FIN.

TABLE DES MATIÈRES

7408-78. — Corbeil. Typ. et stér. Crété.